AF606990

Horizontes de la bioética

Ester Busquets y Núria Terribas, eds.

Horizontes de la bioética

Herder

La Càtedra de Bioètica de la UVic-UCC ha sido la organizadora del II Congreso Internacional de Bioética, cuyos contenidos han dado lugar a la presente publicación.

Diseño de la cubierta: Herder

ISBN: 978-84-254-4686-3

Imprenta: QPrint
Depósito legal: B-14.611-2024
Printed in Spain - Impreso en España

Herder
herdereditorial.com

Índice

Prólogo
Núria Terribas Sala 11

I. Horizontes de la bioética

Los horizontes de la bioética. Una reflexión preliminar
Ester Busquets Alibés y *Núria Terribas Sala* 15

Desafíos de la bioética para el siglo XXI. La neuroética como ética de la tecnología y el imperativo de pasar de los derechos a las capacidades
Joseph Fins 23

La bioética después de la pandemia
Victoria Camps Cervera 35

II. Impacto de las biotecnologías. Salud y bienestar

Impacto de las biotecnologías. Introducción
Milagros Pérez Oliva 47

Sobre robots y cuidados
Miquel Domènech Argemí 51

Hacia un humanismo tecnológico
Fernando Bandrés Moya 57

Las implicaciones éticas de las decisiones de salud pública
Salvador Macip Maresma 69

III. Éticas aplicadas en una sociedad entre pandemias

El lugar y el tiempo de la ética aplicada
Tomás Domingo Moratalla 79

Éticas aplicadas en una sociedad entre pandemias. La dimensión social
Begoña Román Maestre 83

El principio de sostenibilidad como respuesta a las crisis y a la normalidad
Jordi Mir García 93

Ética de, en y para la salud pública
Andreu Segura Benedicto 103

IV. Retos de la pedagogía de la bioética

Retos de la pedagogía de la bioética. Introducción
Juan Pablo Beca 115

Educación en bioética y deliberación democrática. Un proyecto para la bioética y la ciudadanía
Lydia Feito Grande 119

Construyendo valores. Dejar un mundo mejor que el que recibimos
Javier Júdez Gutiérrez 131

Experiencia de metodología participativa en cursos de educación continua
María Bernardita Portales Velasco 143

Role-playing psicopedagógico con multiplicación dramática para la exploración de conflictos éticos
María Muñoz-Grandes López de Lamadrid 149

V. Incomodidad con la muerte.
Transhumanismo *versus* eutanasia

Incomodidad con la muerte. Transhumanismo *versus* eutanasia. Introducción
Jordi Pigem Pérez 161

El *bíos,* la *zoé* y los límites de la vida
Jesús Zamora Bonilla 165

¿Qué es morir para un *sapiens?*
Bernabé Robles del Olmo 173

Disponer de la propia vida para afrontar la muerte. ¿Derecho o aspiración?
Núria Terribas Sala 185

Prólogo

En un mundo cada vez más dominado por los avances científicos y tecnológicos, la bioética sigue siendo una disciplina indispensable para orientarnos en la travesía hacia un futuro donde la humanidad y la innovación biomédica converjan en armonía. Para reflexionar y hablar de los desafíos de la bioética en el siglo XXI se organizó el II Congreso Internacional de Bioética, de mano de la Cátedra de Bioética de la Fundació Víctor Grífols i Lucas, Universidad de Vic-Universidad Central de Cataluña, que se celebró en la ciudad de Vic (Barcelona) los días 17 y 18 de noviembre de 2022, bajo el título «Horizontes de la bioética».

La Cátedra de Bioética de la UVic-UCC tiene como objetivo principal promover la reflexión, la investigación y la difusión en torno a las cuestiones éticas relacionadas con el desarrollo y la aplicación de las ciencias de la vida y de la salud. En este sentido, los congresos organizados por la Cátedra se erigen como un punto de encuentro para la comunidad académica y profesional interesada en la bioética, proporcionando al mismo tiempo un espacio idóneo para reflexionar, debatir y compartir conocimientos y experiencias. El II Congreso Internacional, que se desarrolla como continuación del I Congreso Internacional sobre «Pedagogía de la Bioética», consolida así una plataforma abierta al análisis y al diálogo sobre los temas más apremiantes en el ámbito de la bioética.

Este libro recoge las contribuciones de los diversos expertos, académicos y profesionales que participaron en el encuentro, algunos de ellos allende nuestras fronteras. Durante dos días intensos de trabajo se organizaron, junto con la conferencia inaugural y la de clausura, cuatro mesas redondas que abordaron temas cruciales en el panorama bioético actual. Desde el profundo impacto de las biotecnologías en el mundo hasta los desafíos de la pedagogía de la bioética, pasando por las éticas aplicadas en una sociedad marcada por las pandemias y culminando en un debate profundo sobre la complejidad de nuestra relación con la muerte en el contexto del transhumanismo y la eutanasia. Cada mesa redonda ofreció una mirada única y perspicaz sobre cuestiones que nos conciernen a todos como individuos y como sociedad.

Las discusiones por parte de los ponentes fueron intensas y enriquecedoras, evidenciando la diversidad de perspectivas y la profundidad de los desafíos éticos a los que nos enfrentamos, con miradas distintas según los valores, cultura y vivencias en distintos continentes, lo que permitió una comprensión más completa y matizada de los temas tratados. Este libro representa un testimonio valioso de las ideas y reflexiones compartidas durante el Congreso, sirviendo como un recurso esencial para académicos, profesionales de la salud, educadores y cualquier persona interesada en comprender y abordar las complejas cuestiones bioéticas que definen nuestro tiempo. Esperamos que estas páginas no solo sean fuente de inspiración para entablar nuevos diálogos bioéticos, sino que también promuevan la reflexión crítica y contribuyan al avance continuo de la bioética en beneficio de toda la humanidad.

Núria Terribas Sala
Directora de la Fundació Víctor Grífols i Lucas
y de la Cátedra de Bioética de la UVic-UCC y Fundació Grífols

I

HORIZONTES DE LA BIOÉTICA

Los horizontes de la bioética

Una reflexión preliminar

Ester Busquets Alibés y Núria Terribas Sala

La bioética siempre mira hacia el futuro, pero su historia solo se explica a partir del pasado. Alfredo Marcos en el artículo «La bioética hace futuro» recuerda que «la bioética nació como una disciplina orientada hacia el futuro. La primera vez que aparece la palabra bioética en el título de un libro —*Bioethics. Bridge to the Future*— lo hace junto con la palabra futuro. Además, la idea de "puente" sugiere aquí la de "construcción". Así se expresa Van Rensselaer Potter en el mencionado libro: "Si hay dos culturas que parecen incapaces de hablar la una con la otra —la ciencia con las humanidades— y si ello es parte de la razón por la que el futuro parece dudoso, entonces posiblemente nosotros podríamos construir un puente hacia el futuro". De algún modo está implícita la idea de que el futuro no está ya presente, sino que hay que construirlo».[1] Y es así, el futuro no está en parte alguna ni se ve a simple vista, sino que se hace. Y el futuro hay que imaginarlo, crearlo, producirlo, generarlo, actualizarlo. Y en esta tarea de «creación del futuro» la ética tiene un papel fundamental, imprescindible.

Como decíamos, miramos siempre hacia el futuro, pero a la vista tenemos solo el pasado. Para comprender los horizontes hacia los cuales se proyecta la bioética es importante no olvidarse de mirar hacia atrás, recordar los orígenes de esta disciplina para ver que los desafíos éticos siempre están inmersos en unas cir-

1 A. Marcos, «La bioética hace futuro», ARBOR. *Ciencia, Pensamiento y Cultura* 195-792 (2019), a506, pp. 1-14.

cunstancias cambiantes y por lo tanto siempre conllevan aspectos nuevos. En 1974 el Congreso de Estados Unidos, ante el conocimiento de algunos abusos realizados en la investigación con seres humanos, encargó a la National Commission for the Protection of Human Subjects of Biomedical and Behavioral Research (NCPHSBBR) que realizara una amplia investigación que identificase los principios éticos fundamentales para la orientación de la investigación científica, así como el desarrollo de directrices concretas que garantizasen que la investigación se llevase a cabo en conformidad con dichos principios. La identificación de principios éticos generales era una tarea importante y al mismo tiempo novedosa. La Comisión Nacional publicó en 1979 «The Belmont Report. Ethical Principles and Guidelines for the Protection of Human Subjects of Research»,[2] que se ha considerado el documento fundacional de la bioética. La propuesta del Informe Belmont sirvió a los norteamericanos Tom L. Beauchamp y James F. Childress para conceptualizar los célebres cuatro principios de la bioética: la autonomía, la no maleficencia, la beneficencia y la justicia. Su teorización pretendía que, más allá de la investigación clínica, pudieran tener una aplicabilidad general.

Así, la bioética nació hace medio siglo no solo para evitar los abusos en el ámbito de la experimentación con seres humanos, sino también para estar atentos y dar respuestas al auge del poder de la ciencia y la tecnología aplicada a las ciencias de la vida y de la salud que conllevaba nuevos interrogantes, que la sociedad no podía —y no puede— ignorar, aunque la respuesta sea a menudo compleja y difícil. Hoy, como ayer, la bioética continúa formulándose preguntas. Las posibilidades de la tecnología en el ámbito de la biología y la medicina avanzan vertiginosamente; las enfermedades infecciosas —como la pandemia de gripe A (H1N1) en 2009 o la más reciente de la COVID-19— ya no son locales, sino que toman un cariz global; los cambios sociales son sustanciales;

2 Informe Belmont. Principios éticos y directrices para la protección de sujetos humanos de investigación [https://www.hhs.gov/sites/default/files/informe-belmont-spanish.pdf] [acceso: 4/07/2024].

la amenaza de la emergencia climática es tan grave que la bioética aparece cada vez más necesaria e imprescindible para hilvanar una reflexión con sentido, o quizá para arrojar un poco de luz ante este conjunto de desafíos a veces interesantes y otras inquietantes. Como recuerda Tomás Domingo en estas páginas, «la ética no es un lujo, es algo ineludible», que nos debe ayudar a desarrollar la capacidad de saber elegir bien dentro de un conjunto de posibilidades y dentro de unas circunstancias cambiantes, esto es, buscar la respuesta más adecuada, más responsable y más eficaz posible.

Los horizontes de la bioética tienen una perspectiva muy amplia y engloban un conjunto de temáticas muy variadas, todas ellas de interés; sería inimaginable tratarlas todas. Por eso el libro contiene solo una selección de ellas. En la primera parte contamos con dos nombres relevantes de la bioética: Joseph Fins y Victoria Camps, que escriben sobre los desafíos de la bioética en el siglo XXI. La contribución de Fins sostiene que la neuroética es una ética de la tecnología. Se centra en las situaciones donde hay disociación cognitivo-motora, un estado en el que un paciente no muestra evidencias de conciencia en la cama del hospital pero responde a órdenes volitivas, según se observa en las imágenes de resonancia magnética funcional del cerebro. Responder a estas situaciones es un imperativo ético. Por otro lado, Camps reflexiona sobre lo que se ha dejado de hacer en la línea de lo que estableció el Informe Belmont. Según ella, el principio de autonomía del paciente ha tenido una influencia tan enorme que ha eclipsado el principio de justicia. Por ello, sin negar la importancia de la autonomía individual, reivindica una perspectiva más pública de la bioética, que debería llevarnos a reforzar el principio de justicia, que es una de las asignaturas pendientes del discurso bioético.

En el segundo apartado («Impacto de las biotecnologías. Salud y bienestar») los diferentes capítulos abordan el vasto y complejo mundo de los cambios que producen las biotecnologías, explorando las posibilidades, los límites y las implicaciones éticas de los avances tecnológicos que están transformando la práctica médica. La periodista Milagros Pérez se hace eco de las grandes transformaciones en el ámbito de la biología y la medicina, y considera que todo cambio basado en la tecnología implica una dimensión ética y su consiguiente reflexión, si bien a menudo los avances se desarrollan a tal velocidad que sus consecuencias nos alcanzan sin haber podido debatir qué queríamos hacer con estas posibilidades técnicas. Miquel Domènech intenta responder en su capítulo a una de las preguntas más recurrentes que le hacen al hablar de robots sociales: ¿un robot puede cuidar? Él considera que la pregunta que deberíamos hacernos ante una innovación tecnológica es más bien la siguiente: ¿proporcionará el nuevo entramado que se configuren mejores cuidados con la incorporación de este robot? No se trata de una cuestión sencilla. Toda innovación tecnológica, incluidos los robots sociales, incorpora valores, formas de ver el mundo y promesas de sociedades futuras. La integración de robots sociales en las prácticas de cuidado no es inherentemente buena ni mala, pero tampoco es inocua y nos lleva, necesariamente, a preguntarnos acerca del cuidado. ¿En qué consiste cuidar? ¿Cómo se construye un entramado de cuidados? A continuación, Fernando Bandrés escribe sobre cómo la incorporación de biotecnologías en el ámbito de la medicina y las ciencias de la salud hace imprescindible el desarrollo de una medicina traslacional que aporte otras formas de conocer, recuperar y renovar nuestra capacidad humanizadora. Finalmente, Salvador Macip reflexiona sobre las implicaciones éticas de las decisiones de salud pública. Uno de los temas centrales de la nueva ética que nos plantea la biomedicina es el impacto en las libertades personales de las decisiones de salud pública, especialmente en el caso de pandemias, como las de la COVID-19.

En la tercera parte del libro («Éticas aplicadas en una sociedad entre pandemias»), Tomás Domingo, en su introducción, insta, desde lo que llamamos «éticas aplicadas», a responder reflexivamente a las exigencias de lo cotidiano, ya sea en tiempo de pandemia o entre pandemias, sin anhelo de perfección o pureza, sino con gesto imperfecto. Begoña Román trata sobre la necesidad imperiosa de integrar lo sanitario y lo social a la luz de las consecuencias de los que más sufrieron durante la pandemia, los más vulnerables, vale decir, los dependientes y, entre ellos, los mayores institucionalizados, y reclama cambios significativos en la atención sanitaria, una atención que sea realmente integral y centrada en la persona. Seguidamente, el capítulo de Jordi Mir constata la gravedad de la emergencia climática como consecuencia de las emisiones que generamos. Reflexiona sobre la necesidad de incorporar un nuevo principio a la bioética: el principio de sostenibilidad, que obligaría a tomar decisiones para preservar el planeta que hasta el momento no se han tomado. En la última aportación de este bloque Andreu Segura expone cómo la COVID-19 evidenció la precariedad de recursos de salud pública en el país y cómo esto afectó a la toma de decisiones. El autor defiende la necesidad de contar con la perspectiva ética en la salud pública.

La cuarta parte trata de los «Retos de la pedagogía de la bioética». En ella, Juan Pablo Beca recuerda que la enseñanza de la bioética se debe cultivar durante toda la vida profesional, y por eso es esencial desarrollar actividades de docencia y capacitación de manera continua y reiterada con todos los profesionales. También insiste en el compromiso educativo que deben tener las instancias responsables y hace hincapié en la dimensión social de la educación en bioética. Todo ello precisa de metodologías pedagógicas de aprendizaje. En este sentido, Lydia Feito plantea en su capítulo, en primer lugar, la cuestión de si es posible enseñar valores/actitudes, como pretende la bioética, y, en segundo lugar, cómo transmitir la disciplina si se tiene en cuenta que las aproximaciones actuales no han conseguido unificar criterios, además del problema de la distancia existente entre los programas formativos y lo que se aprende en la práctica diaria. Explica el desarrollo de una investigación que pretende describir y analizar cómo son los programas, métodos y aproximaciones existentes, a nivel nacional e internacional, en la enseñanza de la bioética para evaluar su idoneidad en cuanto al sentido propio de la disciplina que se pretende transmitir. Asimismo, proponer un modelo adecuado, basado en la deliberación, que permitiría no solo una formación pertinente de los profesionales sociosanitarios, sino también una ampliación de su espectro de influencia hacia el resto de los ciudadanos y la sociedad en general. Javier Júdez inscribe su reflexión sobre la pedagogía de la bioética en el reto que supone para esta construir valores para así poder dejar un mundo mejor que el que hemos recibido. De manera detallada hace un repaso de los proyectos innovadores en bioética para conseguir educar a los profesionales de la salud en actitudes, conocimientos y habilidades. Bernardita Portales, desde su experiencia chilena, explica su metodología participativa en cursos de educación continua. María Muñoz-Grandes nos describe un método para la enseñanza de la bioética basado en la utilización combinada del *role-playing* pedagógico con multiplicación dramática (en un primer momento) y del método deliberativo (en un segundo momento), que facilita la participación de los alumnos en el proceso de aprendizaje.

La última parte del libro se centra en la «Incomodidad con la muerte. Transhumanismo *versus* eutanasia». Recoge un conjunto de reflexiones relevantes sobre las visiones opuestas que moldean nuestra comprensión de la vida, la muerte y el significado de la existencia humana en un mundo cada vez más tecnológico y diverso. Jordi Pigem, a modo de introducción, escribe: «La muerte seguirá generando incomodidad mientras siga siendo tabú hablar abiertamente de ella. Transformar nuestra percepción de la muerte no es una tarea ociosa, porque nuestra comprensión de la muerte condiciona decisivamente nuestra comprensión de la vida, de lo que hacemos a cada momento, aquí y ahora». El capítulo de Jesús Zamora define el concepto «vida» a partir de los términos griegos *zoé* (vida biológica) y *bíos* (vida biográfica), y analiza el valor de la vida y sus posibles límites, tanto al principio de esta, con el aborto, como al final, con la eutanasia. Por su parte, Bernabé Robles explora la dificultad de establecer los criterios de «muerte cerebral», que solo se utilizan cuando las funciones cardiocirculatorias y/o respiratorias están «asistidas» o «sustituidas». Aborda el interés social creciente que suscita el desarrollo de la biotecnología, la neurociencia y la genética, la ingeniería tisular y, especialmente, el transhumanismo. Cierra este apartado la contribución de Núria Terribas con un capítulo en el que reflexiona sobre el derecho a disponer de la propia vida, ya sea para alcanzar la inmortalidad, el sueño del transhumanismo, o para ponerle fin cuando esta no merece ser vivida según el criterio de cada persona. Dado que la bioética, en sus más de 50 años de desarrollo, no ha sido capaz de generar un consenso ético universal sobre esta cuestión y al final debe ser la ley y su interpretación jurídica (jurisprudencia) lo que determine si el derecho a disponer de la propia vida, individualmente o con ayuda de terceros, es o no aceptable, la autora desarrolla los fundamentos jurídicos de la ayuda para morir, haciendo hincapié en la legislación española.

El impacto de la tecnología en el ámbito de la biología y la medicina, la complejidad de las decisiones en salud pública, el deseo de eliminar las aspectos no deseados y no necesarios de la condición humana —como el sufrimiento, la enfermedad, el envejecimiento o la muerte— o la posibilidad de disponer de la propia vida ante la eutanasia son cuestiones complejas a las que no es fácil dar una respuesta, y menos aún en una sociedad plural y diversa como la nuestra. Por ello, la enseñanza de la bioética, no focalizada únicamente en los profesionales, sino también en la ciudadanía, debe contribuir a educar la capacidad de saber elegir bien, en cada momento, para poder construir de manera adecuada, como diría Potter, este puente hacia el futuro.

Desafíos de la bioética para el siglo XXI

La neuroética como ética de la tecnología y el imperativo de pasar de los derechos a las capacidades

JOSEPH FINS

En el marco de la conferencia inaugural del II Congreso Internacional de Bioética, bajo el título «Desafíos de la bioética para el siglo XXI», podríamos desarrollar distintas cuestiones que son hoy de plena actualidad y preocupación, y que probablemente serán objeto de análisis y debate en los contenidos de las distintas mesas temáticas. Un eje común sería el avance de las nuevas tecnologías y su aplicación práctica en las personas, en el campo de la salud, con mayor o menor acierto y seguramente con muchos interrogantes sobre sus efectos.

Aquí hablaré de uno de esos desafíos que nos viene de la mano de la evolución de la neuroética en las dos últimas décadas, y reflexionaré sobre el futuro de este campo y sus perspectivas. La mayoría de las historias sobre los orígenes comienza con un mito y la neuroética no es una excepción. El mito es que la neuroética se originó en una conferencia patrocinada por la Fundación Dana en San Francisco en 2002 y que William Safire, antiguo redactor de discursos para el presidente Nixon y columnista de *The New York Times*, acuñó el término.

Aunque otros, como el neurólogo Ronald Cranford y la psiquiatra y neurocientífica Anneliese Pontius, pudieran haber sido los creadores de dicho término (algo que Safire reconoció posteriormente en 2005), Safire contribuyó a moldear la neuroética en el imaginario público y a dirigir el trabajo académico durante décadas. Escribió varios artículos de opinión en *The New York Times* sobre neuroética y se convirtió en uno de los primeros abanderados de este campo, llegando a ser presidente de la Fundación Dana y convirtiendo la neurociencia en una prioridad.

Su visión de la neuroética, tal y como se articuló en la reunión de Dana en San Francisco, definía este campo emergente como «el examen de lo que es correcto e incorrecto, bueno y malo en el tratamiento, el perfeccionamiento o la invasión indeseada y la preocupante manipulación del cerebro humano».[1] Su visión de la neuroética era de inquietud, sospecha y preocupación. No se trataba de una ética sobre las posibilidades terapéuticas de la neurociencia y de lo que esta podría conseguir. Por el contrario, tenía un aire distópico, una preocupación por la tecnología desbocada que dejaba a la sociedad más amenazada y en peligro. En lugar de considerar que la ciencia promueve la prosperidad humana, la manipulación del cerebro humano sería preocupante y conduciría a una invasión no deseada.

Cuando Safire redactó su definición había otras visiones de la neuroética. Cranford y su compañero neurólogo James L. Bernat, de la Facultad de Medicina de Darmouth, trataron de estructurar una neuroética desde la base, a partir de las experiencias de la práctica clínica y los dilemas éticos encontrados en dicha práctica, intentando, como escribió Bernat, establecer conexiones entre la ética clínica y la neurología clínica. Anteriormente, pesos pesados de la medicina como el médico William Osler y el neurocirujano Wilder Penfield escribieron sobre la ética en neurología y neurocirugía, aunque aún no se la había designado con el apelativo más moderno de «neuroética».

Lejos de la práctica clínica

Por desgracia, no prevalecieron ni ese legado histórico ni una visión más clínica de la neuroética. En lugar de una ética de la neurociencia y la neuropráctica, los primeros trabajos sobre neuroética

1 W. Safire, «Visions for a New Field of "Neuroethics"», en S.J. Marcus (ed.), *Neuroethics. Mapping the Field,* Nueva York, Dana Press, 2002, pp. 3-9.

se alejaron de la clínica. Los analistas especulaban sobre las maldades que la neurociencia podría perpetrar algún día, creando escenarios de ciencia ficción que podrían poner en peligro la libertad cognitiva de una persona mediante tecnologías que aún no existen. También escribieron sobre la neurociencia de la ética, es decir, la neurociencia que subyace tras el comportamiento ético y no ético. Así pues, en lugar de una ética de la neurociencia (y de la práctica clínica), el entusiasmo se centró en lo que Borges podría llamar *ficciones* o el uso de la neurociencia para explicar las profundidades de la complejidad humana. En lugar de estudiar la ética de la neurociencia, que habría fundamentado la neuroética en la clínica y en los esfuerzos por tratar y mejorar las afecciones neuropsiquiátricas, los primeros pioneros de la neuroética buscaron una construcción inversa: persiguieron la neurociencia de la ética. Es decir, qué podía decir la neurociencia sobre el comportamiento ético o no ético.

Aunque el cerebro sea un complejo conjunto de circuitos que solo estamos empezando a desentrañar, aquellos albores dieron lugar a grandes teorías que asociaban hormonas como la oxitocina con la confianza y quizá incluso con el amor. Pese a que muchos entusiastas de la neuroética vertieron mucha tinta sobre tales correlaciones, los estudiosos serios del cerebro consideraban tales modelos explicativos el equivalente de la frenología moderna. Los analistas más moderados recurrían a los sonetos de Shakespeare o a la poesía amorosa de Pablo Neruda no para meditar sobre el corazón humano, sino sobre el cerebro humano. Pero no importa, los primeros días de la neuroética estuvieron dominados tanto por la tecnofobia como por teorías bastante simplistas que superaban la ciencia existente.

Neuroética, tecnología e imperativo clínico

En mi trabajo he tratado de estructurar una visión diferente de la neuroética, orientada a las necesidades acuciantes de los pacientes y familiares afectados por enfermedades neuropsiquiátricas o lesiones cerebrales. Siempre he pensado que no tenía que crear hipótesis para plantear retos éticos: el mundo de la práctica clínica y la investigación neurocientífica presentan problemas reales que son más extraños e incluso más relevantes que la ficción.

En el centro de estas consideraciones éticas se encuentran las cuestiones planteadas y respondidas por las nuevas neurotecnologías. De hecho, he postulado que *la neuroética es una ética de la tecnología*. Las tecnologías basadas en el cerebro pueden crear retos éticos y también ayudar a responderlos. En esta dialéctica, estas tecnologías pueden ampliar nuestros horizontes éticos.

Permítanme sugerir el ejemplo de lo que se ha descrito como disociación cognitivo-motora, un estado en el que un paciente no muestra evidencias de conciencia en la cama del hospital pero responde a órdenes volitivas según se observa en las imágenes de resonancia magnética funcional del cerebro. El paradigma científico es el siguiente: a un paciente que se cree que está en estado vegetativo, es decir, un estado carente de conciencia en el que los ojos están abiertos pero no hay indicios de autoconciencia, de los demás o del entorno, se le coloca en un escáner cerebral y se le pide que *imagine* que juega al tenis o que pasea por su casa. Cuando realizan la primera tarea, se activa la franja motora que normalmente estaría asociada a la conducta buscada. Cuando realizan la segunda, se activan de forma similar las áreas de navegación de los lóbulos parietal y occipital.

En este caso, la tecnología crea un dilema ético. La tecnología revela que un paciente, del que se pensaba que carecía de conciencia, realmente es consciente. A diferencia de una respuesta pasiva a un ruido o incluso al propio nombre, un sujeto de este diseño de estudio tiene que oír, entender y actuar según la orden para imaginarse jugando al tenis o paseando por su casa. Este proceso de tres pasos es volitivo y sugiere la existencia de una entidad sensible que procesa el lenguaje y responde directamente a este.

Para un paciente sin producción conductual, esta evidencia de disociación cognitivo-motora supone un profundo cambio en las reglas del juego. Impone responsabilidades éticas. Por ejemplo, un médico clínico o un familiar deben ahora considerar lo que uno dice al lado de la cama del paciente, no sea que sus palabras puedan ser oídas y comprendidas, aunque sea a cierto nivel. Nos obliga a preguntarnos si la persona, que antes se creía inconsciente, se siente sola o aislada, si echa de menos la compañía humana. La disociación cognitivo-motora también debería generar curiosidad. Si se descubre que un paciente que antes se consideraba vegetativo es capaz de procesar el lenguaje, ¿qué más podría hacer? Sabemos, a modo de ejemplo, que un paciente con redes neuronales intactas puede ser capaz de percibir el dolor, mientras que un paciente en estado vegetativo no. Esto sugiere la necesidad de vigilar el dolor y el tratamiento de los síntomas en pacientes con disociación cognitivo-motora.

Avances de las neurotecnologías

Estas observaciones y consideraciones éticas están impulsadas por la recién descubierta capacidad de comprender el cerebro lesionado gracias a los avances de las neurotecnologías. Sin las neuroimágenes funcionales nunca sabríamos que los pacientes sin pruebas conductuales de sensibilidad pueden tener conciencia. Y este conocimiento conlleva nuevas responsabilidades éticas.

En artículos anteriores he trazado una analogía con la genética para captar mejor la magnitud clínica y ética de la disociación cognitivo-motora. La genética nos ha enseñado que no todos los fenotipos (apariencias) son iguales. Basta recordar el jardín de guisantes de Gregor Mendel para darse cuenta de que algunas de las plantas que parecían iguales tenían una genética subyacente distinta. Aunque la implicación de estas diferencias se vería en las generaciones posteriores, la cuestión clave era que el mismo fenotipo no siempre equivalía al mismo genotipo subyacente.

Lo que es cierto para la genética es igualmente importante en los trastornos neuropsiquiátricos. Los mismos fenotipos conductuales (los que se observan a pie de cama) pueden tener circuitos subyacentes distintos. En el caso de una lesión cerebral, puede *parecer* que un paciente está en estado vegetativo y carece de consciencia y, aun así, mostrar circuitos que evidencian una respuesta a una orden volitiva cuando se le pregunta en una resonancia magnética funcional. Esta discordancia entre lo que se observa y la neurofisiología subyacente de una persona se asemeja directamente a la distinción clásica entre genotipo y fenotipo.

Aunque algunos estudiosos distinguidos como el neurocirujano escocés Bryan Jennett y el neurólogo estadounidense Fred Plum (que fue mi profesor) contemplaron la posibilidad de la conciencia sin manifestaciones conductuales, en su histórico artículo de 1972 en la revista *The Lancet* en el que describían el estado vegetativo, no fue hasta la llegada de la neuroimagen funcional cuando realmente tuvimos pruebas de que podía existir la disociación cognitivo-motora con conciencia encubierta. Las cavilaciones de Jennett y Plum, implícitas en la lógica de su influyente artículo, se concretaron gracias a la tecnología que estuvo disponible décadas después de que escribieran por primera vez en *The Lancet*. Por eso, vuelvo a repetir que la neuroética es una ética de la tecnología. Al desenmascarar la disociación cognitivo-motora, la tecnología revela diagnósticamente un problema que, en el pasado, antes de la llegada de las nuevas tecnologías, no sabíamos que existía.

Sin embargo, la tecnología no se limita a diagnosticar. También puede intervenir. Puede cerrar el círculo y responder a nuevos problemas expuestos por el progreso tecnológico. Si volvemos a la cuestión de la disociación cognitivo-motora nos encontramos con un paciente que es consciente de forma encubierta, pero incapaz de comunicarse y dar voz a su conciencia. Esto es importante porque la voz se convierte en una forma de representar la propia conciencia ante los demás. Teniendo esto en cuenta, reconstituir la voz en una persona con conciencia encubierta se convierte en un mandato ético. Es la forma de demostrar la presencia de uno mismo y de fomentar la comunidad restableciendo los vínculos con los demás que fueron cortados por la lesión cerebral.

Neuroética y derechos de las personas con discapacidad

Este último punto sobre la comunicación y la comunidad afecta a la relación entre los derechos de las personas con discapacidad, la neuroética y la neurociencia. Este es uno de los temas fundamentales que abordo en mi libro *Rights Come to Mind. Brain Injury, Ethics and the Struggle for Consciousness.*[2] La posibilidad de que la tecnología pueda fomentar la reintegración social restableciendo la comunicación funcional refleja el mandato normativo y jurídico inherente a la Ley para Estadounidenses con Discapacidades *(Americans with Disabilities Act —ADA—)* y a la Convención de las Naciones Unidas sobre los derechos de las personas con discapacidad. Ambos marcos jurídicos exigen la máxima integración de las personas con discapacidad en la sociedad.

Para una persona con una discapacidad motriz esto se consigue haciendo accesibles las calles y el transporte público para que los individuos puedan circular en silla de ruedas. Para una persona con un trastorno de conciencia, la reintegración social depende del restablecimiento de la comunicación. Aquí vemos la conexión entre comunicación y comunidad, palabras que son afines.

La reinserción social ha sido posible gracias a tecnologías novedosas como la estimulación cerebral profunda en estado de mínima conciencia, como demostramos mis compañeros y yo en un artículo publicado en *Nature* en 2007.[3] En un estudio clínico financiado por el Instituto Nacional de Salud (NIH) se estimuló el tálamo bilateral de un participante que no podía hablar, a veces movía los ojos en respuesta a una orden y no podía comer por la boca. Con la estimulación fue capaz de decir frases de seis o siete palabras, recitar las dieciséis primeras palabras del juramento a la bandera estadounidense y decirle a su madre que la

2 J.J. Fins, *Rights Come to Mind. Brain Injury, Ethics and the Struggle for Consciousness,* Cambridge, Cambridge University Press, 2015.

3 N.D. Schiff, J.T. Giacino, K. Kalmar, J.D.Victor, K. Baker, M. Gerber, B. Fritz, B. Eisenberg, J. O'Connor, E.J. Kobylarz, S. Farris, A. Machado, C. McCagg, F. Plum, J.J. Fins y A.R. Rezai, «Behavioral improvements with thalamic stimulation after severe traumatic brain injury», *Nature* 448/7153 (2007), pp. 600-603.

quería. Pudo retener sus secreciones y comer por la boca por primera vez en seis años, ir de compras con su madre y expresar sus preferencias sobre la ropa que quería que ella comprara.

Con el estimulador se le devolvió el nexo de unión a su familia y a su comunidad. Se dio voz a su conciencia encubierta a través de la neuromodulación. Recuperó su capacidad para expresar una preferencia y volver a relacionarse con su familia mediante lo que he descrito anteriormente como *agencia ex machina* a través de la estimulación eléctrica del cerebro.

De este modo, la tecnología restauradora responde a los imperativos descubiertos al tomar conciencia de que existe una conciencia encubierta. Se completa así un ciclo virtuoso de avance científico que origina nuevas necesidades y suscita una respuesta decidida. Este ciclo de innovación es el núcleo de la neuroética traslacional. Vincula el descubrimiento científico con el imperativo normativo de dar voz a mentes que parecen silenciosas, pero que pueden tener mucho que decir.

Neuroderechos malinterpretados

Se podría pensar que identificar la conciencia encubierta y luego trabajar para desarrollar tecnologías que pudieran dar voz a quienes habían sido silenciados por las lesiones sería considerado algo bueno. Desde luego, eso pensaba y sigo pensando yo. Pero hay un nuevo espectro amenazador en el horizonte que ondea bajo la bandera de los derechos neuronales (o neuroderechos) y que podría acabar con dichos avances y retrasar el progreso. Esto me preocupa enormemente.

Como expuse recientemente en el artículo «The Unintended Consequences of Chile's Neurorights Constitutional Reform: Moving beyond Negative Rights to Capabilities»,[4] estoy

---

4 J.J. Fins, «The Unintended Consequences of Chile's Neurorights Constitutional Reform: Moving beyond Negative Rights to Capabilities», *Neuroethics* 15/3 (2022), pp. 1-15.

profundamente preocupado por el movimiento emergente de los neuroderechos, personificado por el reciente movimiento de reforma constitucional que ha tenido lugar en Chile. Ese esfuerzo, que fracasó en un plebiscito celebrado en septiembre de 2022, es sin embargo digno de comentario porque anuncia un marco de derechos neuronales que podría ser antitético al progreso en las neurociencias y podría afectar negativamente a aquellos cuyas condiciones neuropsiquiátricas podrían mejorar gracias a los avances de la neurociencia.

La propuesta constitucional chilena incluía una enmienda que hablaba de proteger la libertad cognitiva del individuo y salvaguardar su integridad física y mental. Con un lenguaje ambiguo que sin duda habría sido analizado sin fin en litigios y debates bioéticos, la enmienda constitucional habría tenido un efecto escalofriante en el cuidado de pacientes con conciencia encubierta. Los detalles excederían el propósito de este breve ensayo e insto a los lectores a consultar mi artículo completo. Baste decir que la visión chilena de los derechos neuronales era monovalente, centrada en los derechos negativos a expensas de los derechos positivos correlativos. En lugar de hablar de derechos negativos y positivos, se centró en una serie de prohibiciones, a saber, el derecho a estar solo y a que se garantice la propia libertad cognitiva. Lamentablemente, el régimen jurídico chileno no comprendió que los derechos negativos deben convivir y armonizarse con los derechos positivos, en este caso los derechos que pueden restablecer la salud y promover las capacidades, a veces infringiendo los derechos negativos.

Esto queda de manifiesto si volvemos al ejemplo de la identificación y mejora de la conciencia encubierta. Rápidamente queda patente que identificar la conciencia encubierta es problemático porque la neuroimagen para identificar la disociación cognitivo-motora debe violar la integridad mental del paciente para ver si un individuo puede seguir órdenes volitivas (o no). Esto se complica aún más por el hecho de que esta exploración debe hacerse, por necesidad, sin el consentimiento autónomo de una persona (si pudiera dar su consentimiento, su conciencia no estaría en duda). La restauración de la voz mediante un estimulador cerebral profundo invasivo sería aún más difícil en virtud de las prohibiciones que se propusieron en la Constitución chilena, lo que restringiría aún más las posibilidades terapéuticas de la neuromodulación.

Neuroética y fomento de las capacidades

En los próximos años tendremos que ser cautelosos con las iniciativas de neuroderechos mal informadas. Aunque los derechos neuronales son importantes, deben estudiarse cuidadosamente y con prudencia y proporcionalidad. Sin embargo, las prohibiciones chilenas, que pretenden ser protectoras, no están exentas de consecuencias negativas. Si no se controlan, podrían impedir intervenciones diagnósticas y terapéuticas clave que podrían cambiar la vida de una población vulnerable que ha estado históricamente en riesgo de abandono y marginación. Este ejemplo de conciencia encubierta (podrían citarse muchas otras afecciones neuropsiquiátricas) revela la necesidad de un ecosistema sano en el que los derechos negativos y positivos convivan en homeostasis.

Es importante que la neuroética tenga clara la relevancia de la tecnología para su epistemología y que apreciemos la importancia de las tecnologías emergentes para las personas con trastornos neuropsiquiátricos. La mejor forma de satisfacer sus necesidades es utilizar estas tecnologías emergentes para mejorar las capacidades humanas que promueven el desarrollo humano, tal y como lo definen la filósofa Martha Nussbaum y el economista ganador del Premio Nobel Amartya Sen. Aunque se trata de un listón muy alto, estas aspiraciones son dignas del creciente potencial de la neurotecnología para marcar una diferencia decisiva para el cerebro y la mente.

Referencias bibliográficas

Fins, J. J., «A Leg to Stand On. Sir William Osler and Wilder Penfield's "Neuroethics"», *American Journal of Bioethics* 8/1 (2008), pp. 37-46.

Fins, J. J., «Neuroethics and the Lure of Technology», en J. Illes y B. J. Sahakian (eds.), *Oxford Handbook of Neuroethics,* Oxford, Oxford University Press eBooks, 2011, pp. 895-908.

Fins, J. J., «Trastornos de conciencia y los Derechos Humanos. Una nueva frontera ética y científica», *Anales Real Academia Nacional de Medicina (Madrid)* 131/2 (2014), pp. 639-667.

Fins, J. J. y Schiff, N. D., «In Search of Hidden Minds», *Scientific American Mind,* noviembre de 2016, pp. 44-51.

Fins, J. J., «Towards a Pragmatic Neuroethics in Theory and Practice», en E. Racine y J. Aspler (eds.), *Debates about Neuroethics. Perspectives on Its Development, Focus, and Future*, Springer, 2017, pp. 45-65.

Fins, J. J., «A Once and Future Clinical Neuroethics. A History of what was and what might be», *Journal of Clinical Ethics* 30/1 (2019), pp. 27-34.

La bioética después de la pandemia

VICTORIA CAMPS CERVERA

Ha pasado casi medio siglo desde que se publicó, en 1979, el Informe Belmont, considerado como el documento fundacional de la bioética. Los años transcurridos son suficientes para que hagamos un balance, nos planteemos cuál ha sido el discurrir de la bioética y, sobre todo, reflexionemos sobre lo que hemos dejado de hacer en la línea de los principios que el Informe estableció. Por si el paso del tiempo no fuera razón suficiente por sí mismo para detenerse a reflexionar, el descalabro social, económico y cultural que ha supuesto la pandemia del coronavirus añade un acicate imprevisto a la urgencia de considerar sin más dilación la encrucijada en la que nos encontramos. La pandemia vivida y sufrida nos ha removido en muchos aspectos, uno de los fundamentales el de la salud y la necesidad de cuidarnos, cuestiones centrales del pensamiento bioético.

Volviendo al recuerdo de los orígenes de la bioética, lo que el Informe Belmont aportó como gran novedad fueron, como es bien sabido, los principios de autonomía de la persona y de justicia, además de los de no maleficencia y beneficencia que, desde tan antiguo como el código hipocrático, figuraban en el frontispicio de los códigos de ética médica. Hasta finales del siglo XX, la profesión sanitaria tuvo como deber fundamental la protección del paciente, a quien no le correspondía otra opción que la de someterse a los dictados del facultativo. La preocupación contemporánea por la ética relacionada con la enfermedad y la salud, sin embargo, nace junto con la consideración de que el sujeto que se somete a la investigación o tratamiento médico es, por encima de todo, un sujeto libre, con derecho a decidir sobre su persona. No solo se trata de enmendar la relación paternalista, sino de corregir una forma de actuar que ya es motivo de escándalo desde el punto de vista moral. La utilización de personas, sin el consentimiento de las mismas, para probar nuevos medicamentos, como ocurrió en Estados Unidos con el famoso caso Tuskegee, fue uno de los detonantes que llevaron a constituir la Comisión Nacional para la Protección de los Sujetos Humanos ante la Investigación Médica y de Comportamiento, que se reunió en la localidad de Belmont y redactó el informe mencionado. A su vez, el Informe ponía de relieve la importancia del principio de justicia, que pretendía salir al paso de las desigualdades existentes que impedían el acceso y el trato igualitario de las personas con respecto a los servicios de protección de la salud.

La primera reflexión que suscita el reconocimiento de ambos principios es la diferencia notable que se ha producido desde su formulación entre el desarrollo de uno y otro. Creo que no es exagerado afirmar que la autonomía del paciente ha sido hasta ahora el avance más importante logrado por influencia de la bioética, en detrimento, sin embargo, de una atención más que deficiente al progreso en el ámbito de la equidad o la justicia. Basta echar un vistazo a la inmensa bibliografía acumulada durante los últimos cuarenta años para constatar que el tema de la autonomía del paciente ha merecido una atención desmesurada: el consentimiento informado, los conflictos entre autonomía y beneficencia, entre autonomía y justicia, la voluntad de transformar una relación clínica marcada por el paternalismo en una relación más simétrica y más basada en la confianza. En resumen, lo que más ha preocupado a los estudiosos de la bioética ha sido contemplar la actividad clínica e incluso la investigación médica y biomédica desde la perspectiva de un paciente al que hay que aceptar como un sujeto libre y con derecho a decidir sobre su salud y sobre su cuerpo.

No debe extrañar que el desarrollo de la ética médica se haya centrado en la autonomía de la persona si tenemos en cuenta que vivimos en democracias liberales que han crecido a la par que el progresivo reconocimiento de los derechos de la libertad. El despliegue de los derechos civiles ha sido espectacular en los últimos decenios. Aunque tras la Segunda Guerra Mundial y la Declaración de los Derechos Humanos de 1948 se hizo un esfuerzo considerable por construir un Estado de bienestar que pusiera un freno a la pobreza y garantizara los derechos de la igualdad, el esfuerzo que tuvo lugar a continuación fue limitado y duró lo que la hegemonía política de la socialdemocracia. A partir de los años ochenta del siglo pasado, el impulso de Reagan y Thatcher al neoliberalismo limitó exponencialmente la intervención política a favor de la igualdad con el único objetivo de salvaguardar una libertad económica y de mercado convertida en prototipo y en condición de la libertad del individuo en todos los sentidos.

La incidencia de la corriente neoliberal ha pervertido el sentido que le dieron a la libertad los padres del liberalismo. Lo que empezó siendo una señal de progreso, que situaba al sujeto en el centro de sus decisiones y lo descargaba de sumisiones a la autoridad religiosa o política, ha acabado siendo una forma de entender la libertad degenerada, una libertad sin responsabilidad al servicio no de la autonomía moral del individuo, sino de otros intereses, una libertad irresponsable que, desde el punto de vista ético, es una contradicción. La deriva política y legislativa, en principio destinada a «empoderar» a las personas para darles más autonomía, no siempre ha contado con la contrapartida de unas obligaciones cívicas capaces de poner límites a un ejercicio ilegítimo de la libertad. No ha sido difícil inculcar en los ciudadanos su condición de sujetos de derechos; lo difícil es conseguir que, al mismo tiempo, los sujetos de derechos no se inhiban de los deberes que han de asumir como ciudadanos. Kant dejó muy claro que la autonomía moral no consiste en hacer lo que uno desea o quiere en cada momento, sino en hacer pasar la máxima individual por el filtro del imperativo categórico que le indica a la persona si lo que desea hacer es lo que debe hacer. Pero cuando los derechos se confunden con los deseos y estos no son sometidos a ningún examen de naturaleza moral, ya no estamos hablando de libertad, sino de un libertinaje que lleva en el propio concepto su sentido negativo. No estamos hablando de una libertad responsable.

Ya Ortega, en su celebrada *Meditación de la técnica,* dio en la diana al afirmar que lo que le ocurría al hombre contemporáneo era ser víctima de una «crisis de los deseos», debido a que le faltaba «imaginación para inventar el argumento de su vida». Ortega atribuía dicho defecto a la sociedad de masas, que absorbe la mente individual e impide que el individuo piense por su cuenta. Las masas son una amenaza para la autonomía; también lo es el «especialismo», la tendencia a poner en manos de expertos la solución de cualquier problema. Ortega rechaza la especialización excesiva desde la creencia de que lo que él denomina «programa vital» no puede ser relegado a la consideración de expertos. No hay «especialistas en el programa vital». Al contrario, a cada cual le toca, como individuo libre y autónomo, entender y aceptar que su bien individual ha de estar en consonancia con el bien colectivo y actuar en consecuencia. Es cierto que la ética, como también explicó Kant, radica en la «voluntad buena», y la voluntad tiene que ser individual y libre para ser susceptible de valoración moral. Pero la concepción de lo bueno, de lo que se debe hacer, incluye siempre a los demás, no puede ser individualista. La experiencia pandémica, precisamente, nos ha puesto ante la evidencia absurdamente ignorada de que nos encontramos en escenarios marcados por la vulnerabilidad y la fragilidad, la conciencia de lo cual debería llevarnos a reconocer la interdependencia que nos constituye; como seres moralmente maduros decidimos por nosotros mismos, sí, pero teniendo en cuenta a los demás. No es éticamente legítimo tomar decisiones sin preguntarse en qué medida dichas decisiones influyen en el *ethos* de la comunidad. Dicho en pocas palabras, la libertad desde el punto de vista ético no es un fin en sí misma, es la condición de posibilidad de la actuación ética, la cual consiste en tratar de encontrar la mejor manera de vivir en común.

Sería injusto cebarse en exceso en el reproche a la bioética por su fijación en la autonomía de las personas como aspecto principal de su discurso. Era imprescindible y obligado hacerlo para progresar en la consideración moral del ser humano y en el entendimiento del derecho individual a la libertad. Pero ello no es óbice para que critiquemos la sumisión a los extremos del neoliberalismo con su fijación en la libertad como único valor apreciable. Lo vio hace años Daniel Callahan cuando escribió: «Nada me ha irritado tanto como la importancia que la bioética ha dado al principio de autonomía».[1]

No es Callahan el único que le reprocha a la bioética una fijación excesiva en el principio de autonomía. Es significativo que The Hastings Center, que él fundó y que sigue siendo una de las instituciones de referencia en la materia, acabe de organizar un evento propuesto como una llamada a reflexionar sobre una «bioética pública» que se constituya en guía para las políticas y los sistemas en una época en que son acuciantes los problemas de salud pública, como se desprende de la propia pandemia, pero también de otros hechos paralelos y característicos de nuestra época, como el cambio climático y el racismo. Cree dicha institución que la bioética tiene que ayudar a la gente a pensar en lo que está ocurriendo más allá de lo que digan los expertos y de las decisiones que tomen los políticos. El carácter de *think tank* que tienen entidades como The Hastings Center hace que se postule de esta forma como un espacio en el que existen condiciones para desarrollar un pensamiento que el ritmo acelerado de nuestro tiempo no propicia en ningún otro lugar. Un pensamiento que, además, sepa vencer inercias propias y proyectarse sobre cuestiones que hoy deberían merecer una atención mayor de la que reciben.

Una de dichas cuestiones es, sin duda, la de la salud pública, tema hasta hace poco ignorado por la bioética y que, sin embargo, la pandemia del COVID-19 ha situado en el núcleo más importante de sus reflexiones. Según The Nuffield Council on Bioethics, otra de las instituciones de referencia en bioética, la salud pública tiene a su cargo «la prevención de enfermedades, prolongar la

1 D. Callahan, «Can the Moral Commons Survive Autonomy?», *The Hastings Center Report* 26/6 (1996), pp. 41-42.

vida y promover la salud a través de los esfuerzos organizados de la sociedad». Medidas como la higiene o las vacunas han sido de importancia histórica en el progreso de la salud pública.

Si traigo a colación el tema de la salud pública es porque nos pone frente a una pregunta de distinto alcance que la de la protección individual de la salud, que es la que ha impulsado a centrar las reflexiones en el principio de autonomía. Las cuestiones de salud pública no afectan solo a cada persona, sino al todo de la sociedad. Obligan a plantear interrogantes como estos: ¿cuál debería ser la mejor forma de vivir desde el punto de vista de una vida sana? ¿Qué habría que hacer o dejar de hacer para vivir de una forma más saludable? ¿Hasta qué punto mis acciones influyen negativamente en los demás? No es fácil dar respuesta a tales interrogantes en una sociedad como la nuestra, que ha sido calificada como sociedad de la incertidumbre y del riesgo. Si a nivel individual tomar decisiones es una tarea compleja, mucho más lo es tomarlas cuando se trata de gestionar la salud de toda la población. Las incógnitas se multiplican: ¿qué determina las elecciones que hacemos los individuos? ¿Hasta qué punto nos está permitido decidir individualmente en qué consiste una vida sana? ¿Cómo inciden las desigualdades en la capacidad de decidir de las personas y en las preferencias que cada individuo va haciendo suyas? La experiencia vivida en la pandemia nos ayuda a comprender la pertinencia de estas cuestiones, así como la necesidad ineludible de una intervención estatal dirigida especialmente a proteger la salud de los más vulnerables, a incidir en los determinantes de la salud que no dependen solo de la voluntad individual, pues incluso esa voluntad está socialmente conformada. La máxima liberal del «dejar hacer» no puede ser la norma.

Ese viraje hacia una bioética más pública, sin negar la importancia de la autonomía individual, debería llevar a pensar la libertad con una mayor complejidad de la habitual y a vincularla a la exigencia ética de reducir desigualdades. El confinamiento obligado por la COVID-19 nos hizo ver que el sacrificio de una libertad tan básica como la libertad de movimiento es un bien que hay que sacrificar cuando otro bien común, la salud pública, está en peligro. Es una de las lecciones que no habría que olvidar ni despreciar a la hora de abordar los problemas de salud que hoy deberían preocuparnos más. El confinamiento también puso de manifiesto que, siendo como es una reducción de libertad que afecta a todos sin excepción, se vive de manera distinta según sea el estatus económico de cada uno. No es lo mismo estar confinado en un piso diminuto y sin vistas al exterior que en un chalet con jardín.

El Nuffield Council elaboró hace años un informe sobre el tema, «Public health: ethical issues»,[2] en el que propone lo que llama el *stewardship model,* un modelo derivado de la convicción de que «los Estados tienen responsabilidades frente a las necesidades de la gente... son *stewards* [sirvientes] de los individuos y de la población». Acostumbrados a la ideología neoliberal, a la atomización social y al individualismo egoísta, tenía que ocurrir una crisis sanitaria fuerte para que la ciudadanía reconociera que el papel del Estado no es trivial, no solo como provisor de recursos para sostener un sistema sanitario poderoso, sino como administrador, servidor público, atento a las necesidades que van apareciendo.

Esa legítima intervención del Estado la reconoce incluso el gran defensor de las libertades individuales, artífice del antipaternalismo, que es John Stuart Mill. Al referirse al «principio del daño», según el cual la intervención del Estado en la vida de las personas solo se legitima para evitar el daño a otros (no para evitar que uno se dañe a sí mismo), tiene cuidado en exceptuar de dicho principio a la infancia, a los jóvenes todavía inmaduros y a todos los que tienen disminuidas sus facultades. El principio del daño, a juicio del filósofo, solo es aplicable a «los seres humanos en la madurez de sus facultades». Por el contrario, los que necesitan ser cuidados porque son dependientes y no se valen por sí mismos deben ser protegidos para evitar que dañen a otros y también que se dañen a sí mismos. Así entendido, el principio del daño avala la legitimidad del Estado para intervenir prote-

2 The Nuffield Council on Bioethics, 2017.

giendo a los más vulnerables. Y no acaba aquí la preocupación de Mill por determinar los límites de la libertad, pues al mismo tiempo apoya la acción del Estado con vistas a «informar, aconsejar y persuadir» a la ciudadanía para que adopte las decisiones correctas.

Una dimensión que ponga más énfasis en la necesidad de protección, asistencia y cuidado que en la de preservar la autonomía de las personas es la que, a mi juicio, le falta por desarrollar a la bioética. Cuando nos situamos en el ámbito de la salud pública, la preocupación por recabar el consentimiento del paciente antes de prescribirle un tratamiento invasivo pasa a un segundo término porque en las cuestiones que tienen que ver con la salud pública la posición individual no es lo único que cuenta. Lo que hay que subrayar, en cambio, es el valor de la transparencia en la toma de decisiones que afectan a la comunidad o al sistema y la información clara y veraz, que es la forma de hacer que los sujetos se sientan partícipes de las decisiones que se proponen. El informe del Nuffield Council utiliza la expresión *accountability of reasonableness* para aludir a la obligación de rendir cuentas de las acciones cuya imposición se considera razonable, de la proporcionalidad de las limitaciones que se establecen como obligatorias, de las razones que llevan a activar el principio de precaución.

Una perspectiva más pública de la bioética debería llevarnos a reforzar el principio de justicia que, como vengo diciendo, es una de las asignaturas pendientes del discurso bioético. A tal propósito es interesante tener en cuenta la observación que hace Luigi Ferrajoli en su imprescindible *Manifiesto por la igualdad*.[3] En él critica la concepción de igualdad que viene imponiéndose en los últimos tiempos: una igualdad entendida como reconocimiento de las identidades o de las diferencias entre grupos de individuos, en detrimento de la noción clásica de igualdad como la garantía de las condiciones materiales y culturales para tomar las decisiones más convenientes para uno mismo y para el conjunto

3 L. Ferrajoli, *Manifiesto por la igualdad,* Madrid, Trotta, 2019.

de la sociedad. Efectivamente, esta última idea de igualdad que apela a una mayor equidad en la redistribución de los bienes básicos ha dejado de formar parte de la agenda de los partidos de izquierdas que prefieren centrarse en la reivindicación de diferencias identitarias. Así, no es de extrañar que hoy tengan más predicamento electoral leyes que regulan la transexualidad o la eutanasia, que las propuestas a favor de la sostenibilidad del sistema sanitario público o de las políticas de cuidado para atender a las personas que sufren dependencia.

Dicho de una forma simple y corta, hemos venido desarrollando una bioética para países ricos, una bioética que aborda cuestiones que son secundarias en países con altos niveles de pobreza, donde la población desfavorecida rebasa con creces la de aquellos que dan por supuesto y no se cuestionan las obligaciones de un Estado social.

Es una de las lecciones que habría que aprender de la pandemia. Gracias a la COVID-19 hoy sabemos que no vivimos aislados en sociedades de la abundancia, que somos interdependientes y que el individualismo neoliberal no es el punto de vista adecuado para plantearse problemas de salud a nivel global. Hay que recuperar la idea de bien común a la que nos debemos, hay que preguntarse por la salud de la comunidad que prescinde de cuestiones como la forma en que tratamos a los mayores, a los discapacitados, a los dependientes, a los económicamente más desfavorecidos, a los migrantes que buscan ser acogidos. Pensar desde dicho punto de vista no es negar la autonomía de las personas ni sucumbir a un paternalismo que sacrifica la libertad; es recoger el sentido que debe tener esa máxima que tanto nos gusta repetir según la cual la libertad de cada uno acaba donde empieza la libertad del otro.

II

IMPACTO DE LAS BIOTECNOLOGÍAS. SALUD Y BIENESTAR

Impacto de las biotecnologías

Introducción

MILAGROS PÉREZ OLIVA

Durante los últimos 50 años hemos sido testigos de avances espectaculares en todas las disciplinas del conocimiento. Se dice a menudo que en este tiempo se ha acumulado más conocimiento nuevo que en toda la historia previa de la humanidad. Sea o no cierto, el caso es que estamos viviendo un momento de grandes transformaciones en el mundo que nos rodea como consecuencia directa de la utilización de este conocimiento. La inteligencia artificial está desplegando su potencial con una velocidad y una capacidad de transformación que no habíamos visto antes, y los avances que se esperan en el desarrollo del ordenador cuántico nos harán saltar de la tercera a la cuarta revolución industrial. Esta aceleración del conocimiento y sus aplicaciones hace que lleguen a nuestras vidas cambios propiciados por nuevas tecnologías, algunas de ellas muy disruptivas, que cambiemos totalmente las maneras de hacer y de vivir.

Uno de los ámbitos donde los avances en el conocimiento están provocando cambios más disruptivos es justamente el de la biología y la medicina. Lo que ya se ha avanzado en genética, especialmente después de la secuenciación del genoma humano y de otros organismos, y las nuevas fronteras abiertas en reproducción *in vitro* permiten intervenir en la naturaleza de una manera que nunca antes había sido posible. Hasta el punto de que estamos en condiciones de controlar mecanismos básicos de la evolución y generar cambios en la herencia que de otro modo dependerían del azar y quizá nunca llegarían a producirse. La reprogramación celular y la técnica de edición genética del CRISPR abren ahora puertas insospechadas de intervención. La robótica y la inteligencia artificial están entrando con fuerza en todos los procesos de innovación, también en el ámbito de la biomedicina. Sabemos que es cuestión de tiempo que muchos hitos que ahora nos parecen quiméricos puedan ser posibles.

El sociólogo alemán Ulrich Beck, en su última obra, *La metamorfosis del mundo,*[1] publicada de manera póstuma, sostiene que las transformaciones que estamos viviendo en nuestro tiempo son algo mucho más profundo que un simple cambio de época: son una metamorfosis. El mundo que surgirá no se parecerá en nada al que se está yendo. A lo largo de la historia hemos visto muchos tipos de cambios. Algunos son progresivos. Otros rupturistas. En una revolución, los cambios llevan una dirección, un propósito. Alguien los empuja. Hay unas ideas y unos protagonistas que los hacen posibles. La metamorfosis, en cambio, es un proceso de fuerzas que interactúan y generan una cadena de resultados muchas veces imprevistos. Beck cita dos ejemplos paradigmáticos de este tipo de cambio metamórfico: el cambio climático y la reproducción asistida. Ni las compañías que perforaron los primeros pozos de petróleo querían dañar el hábitat del planeta ni los investigadores que alcanzaron las primeras gestaciones *in vitro* y empezaron a manipular embriones querían otra cosa que no fuera resolver un problema de fertilidad en las parejas. Pero la cadena de efectos que ha producido ha alterado completamente no solo los mecanismos de la reproducción humana, sino todo el entramado jurídico de la filiación construido en torno a la reproducción sexual humana.

Desde el momento en que una mujer puede gestar al hijo de otros, en que una madre puede dar a luz a su nieta, un bebé puede tener tres padres biológicos o se pueden clonar ovejas y modificar la herencia genética de cualquier ser vivo, las reglas cambian. Y todo cambio basado en la tecnología implica una dimensión ética. Pero a menudo los avances se desarrollan a tal velocidad que sus consecuencias nos alcanzan sin haber podido debatir qué queríamos hacer con estas posibilidades técnicas. Es

1 U. Beck, *La metamorfosis del mundo,* Barcelona, Paidós, 2017.

lo que ha pasado, por ejemplo, con la gestación subrogada y nos puede pasar con la medicina predictiva. La tecnología, en sí misma, no es buena ni mala: depende del uso que se haga de ella. Pero a menudo presenta dilemas que debemos plantearnos.

Sobre robots y cuidados

Miquel Domènech Argemí

Una de las preguntas más recurrentes con las que me encuentro al hablar de robots sociales es la que plantea si un robot puede cuidar. Es una pregunta que, todo hay que decirlo, desprende un cierto optimismo, puesto que se basa en una idea de la robótica asistencial que se nutre más de imágenes de la literatura y el cine de ciencia ficción que de la realidad misma. Los robots que ahora mismo se utilizan en ensayos y pruebas piloto poco tienen que ver con los robots humanoides en los que la mayor parte de la gente piensa cuando se formula la pregunta de si un robot puede cuidar. En la literatura especializada hay un cierto consenso en que estamos muy lejos de eso.[1,2,3]

Ahora bien, no es, en absoluto, una pregunta gratuita. Al fin y al cabo, el imaginario de la ciencia ficción se halla muy presente entre el grueso de la ciudadanía, por lo que no resulta estrambótico plantearse si esas novelas y películas futuristas nos están hablando de la sociedad hacia la que nos dirigimos. Además, existe también un discurso muy asentado en el ámbito de las políticas públicas que habla de la posibilidad de tener que enfrentarnos en un futuro no muy lejano, en las sociedades posindustriales, a una crisis de los cuidados. Ello sería debido a la mayor longevidad de

1 B. Lipp, «Caring for robots. How care comes to matter in human-machine interfacing», *Social Studies of Science* 53/5 (2022), pp. 660-685.

2 A. Maibaum, A. Bischof, J. Hergesell y B. Lipp, «A critique of robotics in health care», *AI and Society* 37/2 (2022), pp. 467-477.

3 R. Sparrow, «Robots in aged care. A dystopian future?», *AI and Society* 31/4 (2016), pp. 445-454.

la ciudadanía en este tipo de sociedades, lo cual tendría como consecuencia que estas últimas devinieran en sociedades envejecidas. En ese contexto, se especula que podría darse el caso de que no hubiera suficiente personal sanitario disponible para llevar a cabo las tareas asistenciales que tal tipo de comunidad demandarían. Pues bien, ese discurso plantea igualmente que serán precisas respuestas tecnológicas para afrontar ese reto que se nos viene encima.

La búsqueda de respuestas a los problemas sociales en las innovaciones tecnológicas, lo que también se conoce como *solucionismo tecnológico*,[4] no es nueva y, de hecho, a lo largo de los treinta años que hace que resuena el discurso sobre la crisis de los cuidados ya se han planteado otras soluciones tecnológicas como, por ejemplo, la teleasistencia.[5,6] Lo que es relativamente nuevo es que, de un tiempo a esta parte, los robots sociales aparecen como una respuesta planteada con toda seriedad[7] y el desarrollo de robots asistenciales forma parte ya de algunas de las políticas públicas impulsadas por la Unión Europea.[8]

Así pues, aun asumiendo que se trata de una pregunta que tiene sentido, voy a argumentar que se basa en un planteamiento erróneo y que es tan insatisfactoria una respuesta en términos afirmativos como negativos. Veamos por qué razón.

---

4 E. Morozov, *To Save Everything, Click Here. The Folly of Technological Solutionism*, Nueva York, PublicAffairs, 2013.

5 S.J. Brownsell, G. Williams, D.A. Bradley, R. Bragg, P. Catlin y J. Carlier, «Future systems for remote health care», *Journal of Telemedicine and Telecare* 5/3 (1999), pp. 141-152.

6 M. Fujimoto, K. Miyazaki y N. von Tunzelmann, «Complex systems in technology and policy. Telemedicine and telecare in Japan», *Journal of Telemedicine and Telecare* 6/4 (2000), pp. 187-192.

7 L. Hennala, P. Koistinen, V. Kyrki, J.-K. Kämäräinen, A. Laitinen, M. Lanne, H. Lehtinen, S. Leminen, H. Melkas, M. Niemelä, J. Parviainen, S. Pekkarinen, R. Pieters, J. Pirhonen, I. Ruohomäki, T. Särkikoski, O. Tuisku, K. Tuominen, T. Turja y L. van Aerschot, «Robotics in care services. A Finnish roadmap» 1 (2017). Disponible en http://roseproject.aalto.fi/images/publications/Roadmap-final02062017.pdf [acceso: 3/06/2024].

8 K. Rommetveit, N. van Dijk y K. Gunnarsdóttir, «Make Way for the Robots! Human- and Machine-Centricity in Constituting a European Public-Private Partnership», *Minerva* 58/1 (2020), pp. 47-69.

En primer lugar, estaremos de acuerdo en que, al plantearla en estos términos («¿puede un robot cuidar?») estamos asumiendo que esa capacidad no se pone en duda para un humano. Y eso es así porque, tradicionalmente, el reparto de la agencia —de la capacidad de actuar— se ha hecho de manera asimétrica entre humanos y no humanos. Los humanos, que tienen capacidad para actuar, pueden cuidar. Los robots, en tanto que no humanos, carecerían de agencia y, por tanto, difícilmente podrían ser contemplados como susceptibles de ofrecer cuidados. Planteada en estos términos, pues, deberíamos responder a la pregunta que formulaba más arriba diciendo que no, que un robot no puede cuidar.

Ahora bien, los presupuestos sobre los que se basa esa respuesta no están tan claros como podría parecer en primera instancia. Hemos dicho que los humanos, en tanto que agentes, estarían capacitados para cuidar. En este sentido, si alguien me preguntara si una hija —y no uso este género por casualidad, los datos nos dicen que existe un mayor porcentaje de mujeres que de hombres que cuidan de otras personas a diario: 39,8% frente al 27,7%— puede cuidar a su madre que vive sola, no tendría duda en decir que sí.

Pero puedo complicar un poco más esta pregunta y formularla de la siguiente manera: ¿puede una hija que trabaja más de ocho horas al día como ejecutiva en una gran empresa, que tiene reuniones imprevisibles, que está divorciada y que además tiene dos hijos de los que ocuparse, cuidar de su madre que vive sola? Aquí la respuesta puede no parecer tan sencilla y parece lícito albergar alguna duda… Pero sabemos que hay personas en situaciones similares que lo consiguen. ¿Cómo lo hacen? Pues, básicamente, a través de todo un entramado heterogéneo que se despliega para hacer efectivo ese cuidado. Un entramado en el que, ciertamente, está la hija de la que hablamos, pero en el que encontramos elementos materiales como teléfonos móviles o dispositivos de teleasistencia, otros humanos como familiares, vecinos o trabajadoras familiares y puede que incluso disposiciones legales como una ley de dependencia.

Y este ejemplo es muy útil para darse cuenta de que, en definitiva, siempre es así. De que los humanos siempre actuamos —con distintos niveles de complejidad, ciertamente— a través de entramados y de que la pregunta acerca de la agencia, de la capacidad de actuar, no tiene una respuesta tan sencilla como la opción asimétrica sugiere. En las últimas décadas el planteamiento teórico que mejor se ha expresado en términos simétricos con respecto a esta cuestión de la agencia es lo que se conoce como «Teoría del Actor-red».[9,10] Poniendo en práctica los postulados de la semiótica, esta teoría plantea, dicho de una manera muy sintética, que la acción no es una propiedad exclusiva de los humanos y que una mirada simétrica en el caso de la agencia implica reconocer la capacidad de acción no solo a los humanos, sino también a los no humanos, y en última instancia situar la capacidad de actuar en conjuntos heterogéneos de humanos y no humanos. Estos conjuntos heterogéneos conforman una entidad que desde esta concepción se denomina un actor-red, que tendría características de un actor, pero también de una red, y es a lo que me estoy refiriendo cuando hablo de un entramado.

Latour[11] utiliza un ejemplo que resulta muy ilustrativo para explicar la simetría entre humanos y no humanos ante preguntas que nos reclaman decidirnos por unos u otros a la hora de atribuir la capacidad de actuar. Se pregunta Latour: «¿quién vuela, los humanos o los aviones?». Y su respuesta es: «las líneas aéreas». Es decir, un avión por sí solo ciertamente no puede volar. Pero tampoco puede hacerlo un humano por sí mismo. Hace falta todo un entramado heterogéneo, lo que llamamos líneas aéreas. Es a estas, finalmente, a las que debemos atribuir la capacidad de volar.

Por lo tanto, lo que sugiero es que más que preguntarnos sobre si un robot podría o no cuidar de una persona, resulta más

9 B. Latour, *Reensamblar lo social. Una introducción a la teoría del actor-red,* Buenos Aires, Manantial, 2008.

10 M. Domènech y F.J. Tirado (eds.), *Sociología simétrica. Ensayos sobre ciencia, tecnología y sociedad,* Barcelona, Gedisa, 1998.

11 B. Latour, *La esperanza de Pandora. Ensayos sobre la realidad de los estudios de la ciencia,* Barcelona, Gedisa, 1999.

pertinente preguntarse si puede un robot formar parte de un entramado de cuidado. Consideremos, por ejemplo, el caso de un hospital. Está compuesto de una diversidad de elementos heterogéneos. Muchos de ellos son, ciertamente, humanos. Personal sanitario y familiares se dan por descontado. En algunos casos podemos encontrar personas voluntarias o, incluso, payasos (Pallapupas). Evidentemente, los hospitales cuentan con una gran cantidad de recursos tecnológicos más o menos sofisticados; desde un termómetro hasta monitores multiparamétricos, pasando por camas eléctricas, aparatos de rayos X, etc. Se pueden encontrar, incluso, algunos otros actores no humanos, como es el caso de los perros que se usan para tranquilizar a pacientes en edad infantil durante su experiencia hospitalaria. Obviamente, hay también reglas y normativas que regulan las interacciones, letreros que indican los lugares o las direcciones que hay que tomar, etc. Un entramado, pues, claramente heterogéneo.

Siguiendo la lógica propia de la Teoría del Actor-red que estoy desarrollando, hemos de entender que es todo el entramado en su conjunto el que cura y cuida de las personas enfermas que allí se encuentran. Sería difícil determinar quién tiene más agencia en este proceso asistencial, ya que los distintos componentes se necesitan mutuamente para lograr el efecto deseado. Cada vez que incorporamos un nuevo dispositivo a este actor-red —y lo mismo ocurre con cada nuevo actor humano— se reconfiguran las relaciones entre sus componentes, lo que puede dar lugar a que algunos de ellos o algunas de sus funciones queden como algo residual o incluso obsoleto. Así, cualquier innovación tecnológica puede, ciertamente, sustituir a un ser humano en un entramado asistencial. Sin embargo, no tiene sentido pensar en las innovaciones tecnológicas como en meros dispositivos diseñados para sustituir a los seres humanos.

La incorporación de un dispositivo tecnológico debe plantearse en función del efecto asistencial deseado que el entramado quiere conseguir. Esto puede implicar la necesidad de prescindir de un ser humano, pero también podría requerir la incorporación de uno nuevo o una redefinición de su papel. Por ejemplo, un robot social que entre en las habitaciones de los hospitales, interactúe con los pacientes y recoja datos sobre su estado no hace prescindible en modo alguno a la enfermera, pero probablemente redefinirá sus funciones y rutinas.

Por tanto, la pregunta que debemos hacernos ante una innovación tecnológica es más bien la siguiente: ¿proporcionará el nuevo entramado que se configure mejores cuidados con la incorporación de este robot? Y lo que quisiera dejar claro es que responder a esta pregunta no es una cuestión sencilla. Toda innovación tecnológica, incluidos los robots sociales, incorpora valores, formas de ver el mundo y promesas de sociedades futuras. La incorporación de robots sociales en las prácticas de cuidado no es inherentemente buena ni mala, pero tampoco es inocua y nos lleva, necesariamente, a preguntarnos acerca del cuidado: ¿en qué consiste cuidar? ¿Cómo se construye un entramado de cuidados?

En las respuestas a tales cuestiones encontraremos las consecuencias de la introducción de un robot en un proceso de cuidado: cambios en la forma en que cuidamos, transformaciones en las relaciones, la aparición de nuevas identidades o la transformación de las existentes, etc. Y, para obtener esas respuestas se requiere, más que el ejercicio de reflexiones teóricas basadas en fantasías o relatos futuristas, de la realización de estudios empíricos que analicen esas nuevas formas de cuidado y establezcan su bondad o pertinencia a la luz de los efectos reales que producen.

Hacia un humanismo tecnológico

FERNANDO BANDRÉS MOYA

En el texto que viene a continuación me centraré en tres elementos que, a mi juicio, pueden suscitar la reflexión sobre el impacto social, sanitario y cultural que supone el uso de las biotecnologías sobre la salud y el bienestar, tanto individual como social.

1. La relación salud y bienestar desde sus definiciones

Si buscamos en el baúl de las definiciones que se han realizado sobre la relación entre salud y bienestar encontramos en primer lugar la que refiere la Organización Mundial de la Salud (OMS), en 1948, pues entendía la salud como: «un estado de completo bienestar físico, mental y social y no solamente la ausencia de afecciones o enfermedades».[1] En la Declaración de Alma Ata de 1978 se definió como un estado de completo bienestar físico, mental y social, así como un derecho humano fundamental, añadiendo que «la consecución del nivel de salud más alto posible es un objetivo social prioritario en todo el mundo, que requiere de la acción de muchos sectores».[2] Hoy la OMS matiza la definición

1 Texto del preámbulo de la Constitución de la Organización Mundial de la Salud, adoptada por la Conferencia Sanitaria Internacional, celebrada en Nueva York y firmada el 22 de julio de 1946 por los representantes de 61 Estados y que entró en vigor el 7 de abril de 1948.

2 Conferencia Internacional sobre Atención Primaria de Salud, Alma Ata, URSS, 6-12 de septiembre de 1978.

como «un estado de bienestar completo, físico, psíquico y social, y no solamente la ausencia de enfermedad o invalidez».[3]

La salud no solo afecta al ser orgánico, sino también a la salud mental, entendida como un estado de bienestar en el que la persona desarrolla sus capacidades y es capaz de hacer frente al estrés normal de la vida, de trabajar de forma productiva y de contribuir al desarrollo de su comunidad. La salud mental y el bienestar son fundamentales para nuestra capacidad colectiva e individual de pensar, manifestar sentimientos, interactuar con los demás, ganar el sustento y disfrutar de la vida.

De estas premisas resulta obvia la relevancia de la promoción, protección y restablecimiento de la salud, preocupaciones vitales de las personas, las comunidades y las sociedades de todo el mundo. El profesor Laín Entralgo se refería a la salud en términos de expectativa: «La posibilidad orgánica de esperar con razonable confianza la realización de nuestros proyectos»,[4] y con criterio más tecnológico Aldous Huxley refiere que «la medicina ha avanzado tanto que ya nadie está sano».[5]

Si acudimos a los saberes que nos brinda la etimología encontramos que el término *salud* tiene sus raíces en el indoeuropeo *sol* —entero, estable—, que se relaciona con *solidus,* lo que está unido, consistente, firme y robusto. Por eso *salvus* es entero, sano y salvo. De ahí provienen *salvar* y *saludar.* Incluso se recogen acepciones del término *salud* vinculadas a un contexto ético, moral y religioso, como las de estado de gracia espiritual o de salvación. No en vano se relacionaron el camino de perfección con el camino de salvación, y *salus, salvus* con *sôtería,* ser salvo.

Salutación, salvamento y *rescate* relacionan a la salud con la medicina y también con la religión, la salud entendida como una especie

3 Constitución de la Organización Mundial de la Salud. Disponible en https://www.who.int/es/about/accountability/governance/constitution [acceso: 3/06/2024].

4 L. Entralgo, *Antropología de la esperanza,* Barcelona, Guadarrama/Punto Omega, 1978.

5 M.J. Cerecedo, M. Tovar y A. Rozadilla, «Medicalización de la vida. "Etiquetas de enfermedad: todo un negocio"», *Atención Primaria* 45/8 (2013), pp. 434-438.

de inmunidad propia de quien se acoge a lo sagrado —el restablecimiento del ser—, porque quien está sano está también protegido. Lo malsano no solo es enfermizo, sino también malo. De ahí asumimos la histórica relación entre medicina y religión para interpretar que la medicina sin religión deja de ser, ya que no curaría del todo, y la religión sin medicina tampoco lo sería al convertirse nada más que en un especial «negocio de salvación».

Aún se puede añadir a los orígenes y evolución del término *salud*[6] la mirada experiencial de quienes curan, cuidan y padecen la presencia de la salud o su ausencia, resumidas en sentencias como la del Dr. Jordi Gol i Gurina (1924-1985): «la salud es una manera de vivir autónoma, solidaria y gozosa»,[7] la del proverbio árabe («quien tiene salud tiene esperanza y quien tiene esperanza lo tiene todo»). Las consecuencias de su ausencia quedan reflejadas en las palabras de Herófilo de Calcedonia (335-280 a. C.), dedicadas a Alejandro Magno: «Cuando la salud falta, la fuerza no puede actuar, la sabiduría no puede revelarse, el arte no se manifiesta y no es posible aplicar la inteligencia».[8]

El eje de la palabra *salud* se ha movido históricamente entre los términos de *salvación, solidez, equilibrio, bienestar* y *belleza*. Múl-

6 La salud era para los hipocráticos el resultado de la armonía de los cuatro humores que se observaban al ver la coagulación de la sangre *in vitro*. El suero, o parte líquida que queda después de la formación del coágulo, era la *bilis amarilla* o *kolé,* parte del coagulo constituida por la fibrina y considerada la *flema;* el segmento rojo era la *hema,* siendo la parte oscura la *bilis negra* o *melanjolé*. Esta teoría encajaba con las ideas pitagóricas de la armonía, pues se consideraba que debería haber una proporción adecuada entre los diferentes elementos en el organismo. Así, se mantenía que la *bilis amarilla* representaba el calor y la sequedad y, por tanto, el fuego, y se encontraba fundamentalmente en el hígado y en las vías biliares; el calor y la humedad estaban representados por la *hema* o la sangre, alojada fundamentalmente en el corazón y en el aparato circulatorio, y se relacionaba con el aire; la *bilis negra* o *atrabilis,* cuyo asiento eran el estómago y el bazo, y correspondía a la frialdad y a la sequedad, era por tanto símbolo de la tierra. La *flema* se condensaba en el cerebro y en la médula espinal y circulaba por medio de los nervios, representaba al frío y a la humedad y simbolizaba el agua [J.L. Munoa Roiz, «Síntesis histórica de la praxis médica del anciano», *BIBLID* 6 (2004), pp. 33-51.]

7 Cf. https://ecriteriumes.wordpress.com/tag/jordi-gol/ [acceso: 3/06/2024].

8 L. Herrero y A. León, «Aproximación al concepto de salud. Revisión histórica», *Fermentum. Revista Venezolana de Sociología y Antropología* 53 (2008), pp. 610-633.

tiples dimensiones, aristas de un poliedro donde no solo se recoge la integridad anatómica, fisiológica y psicológica, sino que hace referencia al estado de equilibrio dinámico del individuo o de su grupo en relación con las circunstancias sociales y económicas que lo rodean. Incluso tiene que ver con la capacidad de desarrollar ciertos roles familiares, laborales y sociales unidos al íntimo sentimiento de bienestar. Se reconoce, pues, en la salud el deseo de estar sano para llegar a ser alguien y no solo «algo apto en el trabajo». Se desea estar sano en un sentido vital, sano para realizar una obra, una creación, para vivir el acontecimiento de la salud como un estado que capacita para gozar en la vida.

Ante tanta complejidad, es lógico pensar que resulta más fácil medir o evaluar los cambios en el estado de salud que su valor absoluto. Es el momento en el que la tecnología debe incorporarse a esta reflexión.

2. Identificar en nuestro tiempo. Tecnología y tecnociencia

Si la definición de *salud* la hemos asociado con un poliedro complejo, la definición de *biotecnología* no se queda atrás, pues además adolece de la inmadurez propia de nombrar una realidad que se encuentra en desarrollo e innovación permanente a la vez que introduce en la sociedad cambios disruptivos. Podemos asumir, de entre las muchas definiciones de *biotecnología,* la propuesta por la OCDE tras los estudios realizados por el grupo de expertos sobre ciencia y tecnología (NESTI) en el período 2000-2004: «la biotecnología se define como la aplicación de la ciencia y la tecnología a los organismos vivos, así como a partes, productos y modelos de los mismos, para alterar materiales vivos o no, con el fin de producir conocimientos, bienes o servicios».[9]

Junto a la definición se ha ido consolidando una compleja lista de técnicas biotecnológicas en función de diferentes meto-

9 Comité NESTI de la FECYT. Disponible en https://www.fecyt.es/es/tematica/comite-nesti [acceso: 3/06/2024].

dologías. Es el caso de las que se encuentran bajo el epígrafe DNA/RNA, genómica, farmacogenómica, secuenciación, ingeniería genética y expresión génica. Luego se añadieron las biotecnologías asociadas al estudio de proteínas y otras moléculas —es el caso de la proteómica o el estudio de receptores celulares—. Se han ido incorporando también las tecnologías relacionadas con el cultivo e ingeniería tisular o las que desarrollan vacunas o manipulan embriones. Procesos biotecnológicos más recientes como los vectores génicos, bioinformática, biología de sistemas, nanobiotecnología, motores moleculares o la dispensación de fármacos conforman una lista de actividad biotecnológica repleta de aplicaciones, tanto en medicina clínica como en investigación biomédica.

Si miramos la biotecnología desde la ética y la filosofía nos plantearemos cuestiones de carácter ontológico como: ¿dónde está la diferencia entre lo natural y lo artificial cuando hablamos de organismos transgénicos, terapia génica, animales de laboratorio —como los ratones humanizados—, la fabricación de organoides obtenidos a partir de células madre embrionarias o de células madre pluripotentes inducidas? Si lo hacemos desde la epistemología resulta obvia la pregunta: ¿el conocimiento que se requiere para el desarrollo y uso de la tecnología es peculiar o diferente de otras formas de conocimiento? Mario Bunge planteaba que la tecnología es ciencia aplicada y que la técnica genera un «sistema técnico» como forma de considerar la realidad mientras la máquina es solo un instrumento que optimiza el sistema, si bien en los últimos años han surgido áreas de conocimiento que no son fáciles de clasificar como científicas o tecnológicas —es el caso de la biotecnología, la nanotecnología o la biología de sistemas—.

Desde el aspecto moral, ¿cuáles son las repercusiones de las nuevas tecnologías en la vida presente y futura de los humanos? Vivimos fusionados con artefactos y sistemas técnicos hasta el punto de que su autonomía puede determinar decisiones sin nuestra intervención directa. Nos relacionamos con los demás a través de un nuevo «yo digital». La ética en el marco de las nuevas tecnologías adquiere una nueva dimensión, pues no es solo una cuestión de personas, sino también de instituciones. ¿Es el tiempo de la tecnoética? Parece necesario identificar y discutir nuevos comportamientos, actitudes, valores y virtudes que resultan de las aplicaciones biotecnológicas. Es el caso de la intimidad, la seguridad, la veracidad o de los conflictos de interés que surgen, ya que hemos apostado por el desarrollo de una medicina predictiva, personalizada, preventiva, participativa y de precisión.

No encontramos un consenso universal que defina con claridad técnica y tecnología, pues viven solapadas. De la acumulación de conocimientos técnicos surgieron teorías científicas posteriores. Tal sería el caso de la máquina de vapor y la termodinámica, la ingeniería mecánica y el desarrollo de las matemáticas, las técnicas quirúrgicas y la anatomía o las técnicas analíticas y la biología molecular. Además, la tecnología se nutre no solo de conocimientos científicos puros sino también de las experiencias sobre los medios de producción, la adaptación y aceptación de los productos por el usuario, su utilidad, la eficiencia económica o su «practicabilidad».

En el caso de la medicina y las ciencias de la salud, debemos llamar la atención sobre la existencia de una especial sensibilidad, ya que se incorpora la tecnología no solo como bienes o servicios, sino que lleva implícitas las actitudes de los profesionales que las utilizan, quienes trabajan en equipo, de forma multidisciplinar y centrados por el paciente. Es él quien «da sentido» al acto sanitario personalizado. Por lo tanto, en el cuidado de la salud las «acciones tecnológicas» están vinculadas a una ocupación previa, una pre-ocupación, que resulta de una relación clínica madura, que nunca será axiológicamente neutra ni podrá estar aislada en una burbuja tecnológica inerte.

En la asistencia sanitaria, la transferencia tecnológica lleva implícita la transferencia de conocimiento y de valores, pues la tecnología sanitaria ha de ser aceptable, fiable, eficiente, equitativa, accesible y personalizada. En la atención sanitaria la técnica responde al «cómo hacer las cosas», mientras que la tecnología nos dice «por qué hacerlo de esa manera». La segunda es más relevante para el paciente.

Por otro lado surge la tecnociencia, término que nombra una nueva realidad, una forma de comprender la nueva relación entre el conocimiento científico y los avances técnicos, que son determinantes para que surjan las tecnologías que la sociedad recibe y que tienen una relevancia especial cuando su sentido y finalidad es el cuidado de la salud.

Para acercarnos al concepto de *tecnociencia* puede ser de interés recordar la diferencia entre ética y moral que realizó el profesor José Luis López-Aranguren cuando refería que «la ética pensada» sería lo que llamamos ética y «la ética vivida» lo que llamamos moral. «Tecnociencia» sería un término híbrido que pretende señalar la realidad que resulta tras la pérdida o rotura de la frontera tradicional entre la ciencia pensada, a la manera de conocimiento puro o básico, y la de una *techné,* interpretada como ciencia aplicada, «vivida» en términos de destreza o aplicación técnica. La tecnociencia es una nueva manera de ver el conocimiento científico, pues los nuevos saberes son, desde la instrumentalidad, imprescindibles para alcanzarlos. Serían buenos ejemplos la nanomedicina, la nanotecnología, la astrofísica, la astrobiología, la robótica, el 5G, la bioinformática o la biología de sistemas. Se quiebra la relación que ha venido privilegiando el mero conocimiento sobre la técnica o la instrumentación científica. La tecnociencia se asienta en la última década del siglo XX en virtud de las transformaciones ligadas a la *Big Science,* ya que permite que emerjan nuevas realidades y se supere la observación natural a través de los instrumentos que a su vez producen nuevo conocimiento. El mejor ejemplo estaría en el ejercicio y en el desarrollo de la medicina personalizada de precisión. Deducimos entonces que la tecnociencia no es solo una revolución epistemológica, sino que también es ontológica por cuanto aparecen nuevas entidades. Es el caso de las nanopartículas, chips, clones y transgénicos, hasta el punto de pensar si las nuevas tecnologías de la comunicación y las biotecnologías nos pueden situar en el horizonte del «cíborg».

Podemos inferir que, en esta nueva etapa de convergencia tecnológica, la tecnociencia es determinante, capaz de concitar a nuevos actores, no solo a científicos o tecnólogos, sino que se convierte en interdisciplinar, ya que necesita de la participación de filósofos, bioeticistas, empresarios, juristas, ingenieros, gestores, políticos, así como las nuevas profesiones asociadas, lo que justifica el impacto de la tecnociencia en la vida cotidiana.

3. Dimensión humana de la práctica sanitaria tecnologizada

Parece necesario reflexionar sobre el futuro de la atención sanitaria del siglo XXI desde la tecnología, la tecnociencia y la biotecnología. Habrá que hacerlo también en términos morales, en el sentido latino, atribuido a Cicerón, cuando traduce el vocablo griego *éthika*. Con el *ethos* penetramos en el carácter moral, manifestado como talante, hábito y costumbre y así vamos dando, en cada momento histórico, «forma humana» a los saberes recibidos, en nuestro caso la biotecnología, por cuanto no somos propietarios, sino herederos del conocimiento. Por otro lado, la investigación biomédica y biotecnológica se realiza en el marco de políticas públicas y privadas que hacen posible los proyectos y, también aquí, en las organizaciones, es necesaria la existencia y el desarrollo de valores éticos. En palabras de A. Cortina: «La ética no es una cuestión de personas, sino también de las organizaciones. Y las organizaciones tienen que asumirla no solo como un deber de justicia sino también como un asunto de prudencia».[10] Para Robert Lyman Potter, «la ética de las organizaciones sanitarias es el discernimiento de los valores para guiar las decisiones de gestión que afectan al cuidado del paciente».[11] Si la biotecnología médica es el agua de nuestra pecera existencial, construida desde la relación médico, sanitario, paciente, familia e institución, hemos de encontrar el sitio adecuado para ejercer un humanismo tecnológico.

La primera impresión al hablar de humanización de la asistencia sanitaria es creer que consiste en tener un comportamiento

10 A. Cortina, «La ética de las organizaciones sanitarias», *Revista Gerencia y Políticas de Salud* 1/3 (2002), pp. 6-14.

11 Cit. en P. Simón, «La ética de las organizaciones sanitarias: el segundo estadio de desarrollo de la bioética», *Revista Calidad Asistencial* 17/4 (2002), pp. 247-259.

educado y un trato correcto con el paciente y sus familiares, a la vez que se atribuye como deshumanización la práctica sanitaria soportada por la tecnología, capaz de generar una relación clínica despersonalizante.

Humanizar la atención sanitaria es complejo y para ello nos ayuda el significado y sentido del término, la acción que implica humanizar respecto del cuidado de la salud de personas vulnerables: los pacientes. El *Diccionario* de María Moliner refiere *humanizar* como: «Hacer una cosa más humana, menos cruel, menos dura para los hombres... hacerse más humano, o menos severo. Humanarse».[12] Abundantes sinónimos se relacionan con la expresión «hacerse más humano»: afable, afectuoso, benévolo, benigno, blando, caritativo, comprensivo, comunicable, condescendiente, considerado, cordial, indulgente, magnánimo, misericordioso, propicio, sensible. «Humano» se aplica al individuo que siente solidaridad por sus semejantes y es benévolo o caritativo con ellos.

Humanizar es un verbo, «palabra de acción», que se conjuga para restituir la dignidad y derechos de los pacientes, y lo hace en clave vocacional, de llamada y de pre-ocupación, a través de un conjunto de competencias adquiridas, no solo profesionales, fundamentadas en el compromiso, la responsabilidad y el testimonio. Se deduce que humanizar es un proceso, siempre inacabado por lo tanto, limitante, si bien no será posible ejercerlo si no es también militante. El verbo *humanizar,* a manera de parábola «biotecnológica», sería una proteína con actividad enzimática que transforma lo humano, el sustrato, para obtener un producto: «lo humanizado». Imagino que esta reacción bioquímica podría ser exotérmica, que libere energía en forma de luz o de calor, lo que permitiría ver al paciente con más claridad y empatía y, en segundo lugar, genere la fuerza necesaria para sostener, aceptar y superar las limitaciones de la enfermedad biológica y dar sentido a la vida biográfica que la acoge. La acción de humanizar pone de manifiesto un modelo de relación clínica y de ayuda que nu-

12 M. Moliner, «Humanizar», en *Diccionario de uso del español,* Madrid, Gredos, 1998.

tre la vida esperanzada del paciente, que ya no sería una simple espera pasiva, sino una nueva disposición, forma de vivir y afrontar el presente. De esta forma podría concluir que «lo humanizado» es lo más humano de lo humano. Ejercer la humanización de la asistencia sanitaria no es solo un proceso técnico de individualización estandarizada del tratamiento que conlleve el aislamiento de paciente; tampoco es ejercer una asistencia «familiar» cargada de estados emotivos ajenos a la realidad del paciente; ni tan siquiera es un proceso de moralización de la relación clínica. La verdadera humanización del paciente exige atender y acompañar a la distancia justa, empatizar y singularizar la gestión de los cuidados para que se consolide una relación clínica capaz de personalizar, alfabetizar y coeducar, y para todo ello la tecnología puede ser el mejor instrumento, siempre que sea nuestro aliado y no un sustituto de nuestros deberes y responsabilidades, pues la relación clínica no es solo instrumental y biológica, sino que tendrá como modelo la biografía y la narración, capaz de crear un lugar de encuentro entre la confianza de quien padece y la conciencia de quienes cuidan. Es, en resumen, conjugar el verbo *humanizar* en clave biológica, biográfica y social.

Conclusiones

1. La medicina y las ciencias de la salud, consideradas habitualmente como ciencias sociales y no verdaderas ciencias, presentan hoy un cambio conceptual debido a la incorporación de las biotecnologías, cuyo desarrollo y evolución tiene lugar desde las tecnologías más complejas y los conocimientos científicos más avanzados. Es el caso de la robótica, la ingeniería de tejidos, la medicina nuclear, los trasplantes, la biología de sistemas, el diagnóstico molecular, la imagen médica, la medicina nuclear, la bioinformática o la nanomedicina, entre otras muchas. Es imprescindible el desarrollo de una medicina traslacional. Y aquí la tecnociencia nos aportará saberes eficaces acompañados de conocimientos, razones y causas para ser una actividad creativa que

exige talento y, por lo tanto, la capacidad de saber entender y de hacer.

2. El conocimiento científico es una de las formas de saber, no la única. Hay saberes que no son ciencia, pues «no solo de ciencia científica vive el hombre». Cuando somos capaces de estar exentos de vanidad y plenos de humildad comprendemos que, aunque los avances científicos nos deslumbren, el pensamiento crítico nos dicta que aún queda mucha «materia oscura». Los elementos de la técnica se incorporan al proceso de investigación científica. Ciencia y técnica se complementan y se inicia todo un proceso evolutivo de «cientifización del conocimiento» tan ambicioso que hemos de evitar el riesgo de arrinconar otras formas de conocer.

3. A la par que crecen las biotecnologías deben madurar conceptos como humanizar la relación clínica y las empatías propias de la humanización tecnológica, pues seguirán surgiendo nuevas incertidumbres y preguntas. El desarrollo de la tecnociencia y las biotecnologías seguirá planteando conflictos de intereses que se alivian cuando se humanizan y se transforman en intereses coincidentes —surge, entonces, la solidaridad—, aportando solidez a la innovación y a los proyectos tecnológicos. La relación tecnociencia-medicina nos ha enseñado a recuperar y renovar nuestra capacidad humanizadora, la que aparece cuando mi mayor interés, acaso el único, es el del otro —el paciente—. Así brota la verdadera generosidad. Desde ella y arropados con las nuevas tecnologías haremos cambiar nuestra proxémica relacional con el paciente para renovar el arte de escuchar lo que no se ve y oír el rumor de lo que está por decir desde un humanismo tecnológico.

Referencias bibliográficas

Ávila-Tomas, J. F., Mayer-Pujadas, M. A. y Quesada-Varela, V. J., «La inteligencia artificial y sus aplicaciones en medicina», *Atención Primaria* 52/10 (2020), pp. 778-784.

Bandrés Moya, F., *Tecnología y humanización de la asistencia sanitaria,* Madrid, Fundación Emmanuel Mounier, 2021.

Castillo-Álvarez, F. y Marzo-Sola, M. E., «El holobionte enfermo. El ejemplo de la esclerosis múltiple», *Medicina clínica* 152/4 (2019), pp. 147-153.

Romeo Casanova, C. M. (dir.), *Enciclopedia de bioderecho y bioética* (2 vols.), Granada, Comares, 2011.

Synder, L. J., *El ojo del observador. Johannes Vermeer, Antoni van Leeuwenhoek y la reinvención de la mirada,* Madrid, Acantilado, 2017.

Las implicaciones éticas de las decisiones de salud pública

SALVADOR MACIP MARESMA

Los desafíos que crean los avances científicos y, en particular, los relacionados con la medicina y la salud pública plantean problemas morales de alcance internacional, complicados de resolver por sus múltiples ramificaciones. La bioética nació en los años setenta del siglo pasado precisamente para lidiar con estos retos que se plantean en el estudio y la aplicación de las ciencias de la vida y de la salud, y, posteriormente, también en relación con el bienestar de los animales. Y ahora, más que nunca, se está convirtiendo en imprescindible. Gracias a los fantásticos avances que estamos viendo en campos como la genética, que nos están forzando a discutir escenarios de un futuro que podría terminar siendo distópico si no vamos con cuidado, la bioética está tomando una relevancia especial, y es necesario que nos apoyemos en ella para avanzar con confianza. Sin duda, el intercambio de ideas entre representantes de todos los ámbitos sociales y culturales que requiere la bioética es complejo, pero vital, ya que estas discusiones acabaran definiendo hacia dónde quiere ir la especie humana.

Uno de los temas centrales de la nueva ética que nos plantea la biomedicina es el impacto en las libertades personales de las decisiones de salud pública. Tan solo remitiéndonos a hechos recientes podremos encontrar numerosos ejemplos. Ciertamente, durante las diferentes etapas de la pandemia de COVID-19 se aplicaron varias medidas para proteger a la población que interfirieron frontalmente con los principios básicos de libertad individual. ¿Era realmente necesario? ¿Había alternativas? El caso extremo del fracaso de la política de COVID cero del gobierno chino a finales de 2022 y principios de 2023 es un ejemplo de abuso autoritario y destrucción de derechos por lo que, en principio, parece un objetivo válido: salvar vidas, o sea, el bien común. En Occidente, por otro lado, al final se tomaron decisiones poniendo motivos económicos por delante de la salud, y presentándolas, paradójicamente, como una protección de los derechos del ciudadano, lo cual es, por lo menos, discutible, aunque el resultado sea diferente. ¿Puede ser peligroso en tiempo de crisis anteponer a todo la libertad? ¿Qué patrones morales y sociales hay que seguir para tomar este tipo de decisiones difíciles?

Si retrocedemos un poco más en el tiempo recordaremos que controlar la pandemia resultó particularmente difícil en las etapas iniciales, antes de que las vacunas estuvieran disponibles. Los países con mayor capacidad para restringir la movilidad y las libertades individuales inicialmente tuvieron más éxito en frenar el avance del virus. En muchos países el establecimiento de toques de queda, confinamientos y diversas formas de estados de alarma se percibieron como un ataque a los derechos fundamentales de los ciudadanos y fueron ampliamente discutidas, hasta el punto de generar una serie de problemas legales aún no completamente resueltos. Estos territorios, donde las medidas de restricción fueron, en consecuencia, más laxas que en otros países, no lograron una buena gestión de la tasa de contagio en los primeros meses, lo cual causó un número importante de muertes que, en parte, se podrían haber evitado.

En el sudeste asiático, en cambio, varios mecanismos de vigilancia permitieron rastrear los movimientos y la actividad de millones de personas, siendo así visibles para las instituciones gubernamentales las veinticuatro horas del día. Esto, junto con la mano dura de los gobiernos, probablemente desempeñó un papel importante en la amortiguación del impacto de la primera ola de COVID-19 en estos territorios, mientras que Europa y las Américas, reacias a implementar medidas tan invasivas, tuvieron serias dificultades de salud pública. De esta manera, se dio la incongruencia de que la pérdida temporal de libertad, a la larga, otorgó mayor libertad personal que la preservación extrema de los derechos individuales. Además, esto resultó en un mayor beneficio social si se considera el impacto en la salud global de la población.

En cambio, el error de no saber adaptarse a la cambiante realidad pandémica llevó más tarde a China, el principal representante de esta «línea dura», a una crisis de salud pública en el momento en que se vieron obligados por la presión social a abandonar la estrategia, ya caduca, de COVID cero. Los expertos creen que una buena parte de las muertes que se evitaron con las restricciones severas de las primeras fases se concentraron en los primeros meses de la «vuelta a la normalidad». Incluso en Estados bajo un gobierno más o menos absolutista, llega un momento en el que la libertad personal pasa por delante de la protección de la salud.

Esto demuestra que la noción de *libertad individual* puede entrar en contradicción en momentos de crisis, como durante una pandemia. ¿Quién debe, entonces, tomar estas decisiones que ponen en un plato de la balanza la salud y en el otro la libertad? Los gobernantes se ven en la obligación de hacerlo, no los expertos, y a la larga no pueden evitar doblegarse a la voluntad o a la necesidad popular, como se ha visto en China y en Occidente, dos modelos dispares de gestión. ¿Es esta la manera más democrática de hacerlo?

Es cierto que las sociedades con puntuaciones más altas en el índice de democracia, que lograron sus libertades por lo general hace muchas décadas, suelen mostrarse contrarias a tener que renunciar a su soberanía personal, aunque el motivo sea controlar una crisis aguda de salud, e incluso si el resultado es un aumento en la supervivencia general de la población a largo plazo. Esto plantea un dilema ético de libertad individual por encima de la responsabilidad social de minimizar el impacto de una enfermedad transmisible. Sin embargo, hay que preguntarse si tienen más libertad los que pueden ir a donde quieran mientras son vigilados o aquellos que solo pueden salir por motivos esenciales, aunque sin que nadie controle sus movimientos. La respuesta, como todo lo relacionado con este tema, es compleja.

Probablemente, la situación ideal desde un punto de vista tanto ético como sanitario sea lograr un equilibrio entre el control y la libertad en el que se acuerde un grado aceptable de sacrificio. Al fin y al cabo, es a lo que se ha tendido de una manera u otra, aunque esto se debería lograr después de una cuidadosa discusión y negociación con todas las partes interesadas, y no al azar, esto es, de forma pausada, algo que no sucedió durante la pandemia y que es poco probable que se pueda hacer en un momento de crisis.

Es importante señalar que la renuncia temporal a los derechos personales, si es la vía escogida, solo puede tolerarse cuando se toman las medidas de seguridad adecuadas. En las sociedades occidentales a menudo se desconfía de quien custodia la información personal, ya que la privacidad se considera uno de los tesoros más preciados, y esto ha planteado dilemas éticos sobre la vigilancia y el acceso a la información. Sin embargo, con la supervisión adecuada y garantías plenas para evitar el abuso de poder por parte de los gobiernos, una restricción temporal de la libertad ante una crisis de salud puede tener beneficios, por los motivos que ya hemos expuesto.

Podría debatirse, naturalmente, si es posible prometer una garantía absoluta en este sentido, o incluso evitar la progresiva deriva totalitarista que acercaría el modelo europeo al chino, por ejemplo, algo no descabellado de considerar si pensamos en países cercanos a la órbita de influencia rusa. En caso de una crisis sanitaria mundial, el primer paso debería ser que los gobiernos creasen agencias independientes y mecanismos de control que pudieran garantizar, en la medida de lo posible, la confidencialidad de los datos obtenidos de los ciudadanos. Las auditorías y los controles externos periódicos podrían ayudar a evitar el mal uso de esta información sensible, proteger a la población, aumentar la confianza y así fomentar el cumplimiento del mayor porcentaje posible.

Estas reflexiones se enmarcarían en un período de análisis científico, ético y político necesario después de cualquier crisis, ya que son difíciles de hacer «en caliente». La clave de este análisis consistiría en hacer un ejercicio de humildad para poder reconocer los errores cometidos, algo que nos resulta difícil en todos los ámbitos. Si no, será imposible gestionar mejor la próxima crisis global.

La COVID-19 ha puesto en evidencia la falta de humildad de los políticos a la hora de asumir las dificultades inherentes a la situación y los retos de controlarla, reconocer los errores y, ante la incertidumbre, buscar el consejo de quien sabe más, para luego seguirlo. Los políticos, para proteger su imagen, que al final es lo que les permite conseguir votos, más que los resultados en sí mismos, tienen que proyectar una pátina de infalibilidad, que en la era de las *fake news* se suele reforzar con mentiras, hasta el punto de que algunos líderes se han especializado en negar la realidad y presentar, en su lugar, unos hechos alternativos que les convienen más. En este contexto, la bioética raras veces se toma suficientemente en consideración.

Cuando los gobiernos escogen caminos equivocados no protegen los derechos de los ciudadanos, lo cual choca frontalmente con su obligación ética. Es básico que los liderazgos se redefinan para poder hacer frente a las crisis de salud pública. El principal papel de los líderes, presentes y futuros, es fortalecer el tejido social en todos los ámbitos para que se puedan soportar mejor situaciones de estrés, lo que incluye añadir más expertos en ética como asesores en las tomas de decisiones.

Suele ser difícil que los gobiernos actúen de manera transparente y que sean humildes a la hora de pedir disculpas por sus equivocaciones y transgresiones, y lo es aún más durante y después de una crisis importante. Debido al auge de los canales independientes de transmisión de información, los medios de comunicación tienen la difícil tarea de fiscalizar esta función pública, por lo que es muy importante la prensa independiente. Fortalecer la prensa y desligarla del poder debería ser una prioridad en todas partes por el impacto que esto tiene en preservar los principios éticos.

La crítica desde la ciudadanía también es necesaria, y puede ser constructiva si está bien hecha. El movimiento de control ético puede empezar también desde abajo, en lugar de partir de líderes o expertos, y contar con comités imparciales que elaboren listas de conclusiones para mejorar las políticas. Ciertamente, las estructuras supranacionales deberían encargarse de valorar la gestión de los países, pero esto topa con las reticencias de los propios gobiernos y con la incapacidad de establecer unidades coordinadas de control global. De hecho, en 2020 la OMS, lo más parecido a este tipo de organismos que existe en estos momentos, puso en marcha una auditoría interna para hacer frente a las críticas de falta de rapidez e imparcialidad en la respuesta al principio de la pandemia de COVID-19, de la misma manera que se reclamó, a escala internacional, que se investigara cómo China había controlado el brote inicial y si un esfuerzo para tapar lo que ocurría había retrasado de manera fatal la intervención. Obviamente, estas investigaciones tienen una naturaleza en parte política, ya que han sido alentadas por países rivales, aunque de todos modos el resultado pueda ser positivo. La imparcialidad absoluta no existe, si bien sería deseable en un análisis como este. Lo más importante es rendir cuentas de alguna manera, con el objetivo principal de aprender de cara al futuro y evitar que la ética ocupe un segundo plano en las decisiones de emergencia.

En este contexto, el dilema entre proteger la economía o priorizar la salud, que ya hemos mencionado, es falso, ya que la economía es fundamental para garantizar la salud y, por otro lado, una sociedad enferma es incapaz de impulsar una economía fuerte. La pandemia ha demostrado que, en muchos casos, la base de la estructura económica de un país era débil y frágil, y esto ha contribuido a poner de relieve las desigualdades sociales, que eran conocidas pero ampliamente ignoradas. Éticamente tendría que ser imposible continuar así. El peligro real sería no aprovechar esta oportunidad para resolver estos problemas de larga duración.

Las pandemias se incluyen en la lista de problemas de salud planetaria porque, en buena medida, nacen del efecto de habernos extendido prácticamente por toda la superficie terrestre, con las consecuencias negativas que ello tiene sobre la biodiversidad y la integridad de los ecosistemas. El mismo cambio climático puede influir sobre el tipo de enfermedades infecciosas más prevalentes en el futuro, por ejemplo ampliando los hábitats de insectos portadores de microbios. En un planeta que cada vez es más pequeño, tanto desde el punto de vista físico como comunicativo, se necesitan acciones que nos permitan minimizar las posibilidades de nuevas crisis, trabajando sobre todo en la prevención a través del estudio de la interacción entre los humanos y el medio. Por tanto, es necesario que establezcamos estrategias globales que nos permitan hacer frente a estos problemas, pero sin dejar de lado las consideraciones éticas. Es importante que los gobiernos dispongan de conocimientos básicos de ciencia, salud y ética, y que los sistemas sanitarios de todos los países tengan la capacidad de interactuar y coordinarse entre ellos en lo posible, dentro y fuera de las fronteras, lo que en este momento todavía no somos capaces de hacer de manera satisfactoria.

Las crisis globales plantean grandes desafíos, pero también presentan enormes oportunidades de resolver problemas que tienden a ser descuidados en situaciones normales. La clave es redefinir conceptos básicos que nos permitan señalar las principales deficiencias bioéticas de los sistemas actuales ante las situaciones de tensión global. La idea de *pandética* (la ética relacionada con las pandemias) debería ocupar un lugar destacado en estas discusiones como una forma de resaltar los puntos más débiles en situaciones que muy probablemente se repetirán, con un enfoque especial sobre cómo preservar la libertad personal mientras que, a la vez, se protege el bien común. Solo así se conseguirá reducir al máximo un sufrimiento evitable la próxima vez que se estrese el sistema.

Es esencial iniciar estas discusiones lo antes posible, ya que encontrar una solución a estos problemas requerirá un análisis cuidadoso y largas consultas con todos los actores implicados. También es importante que estas discusiones éticas sobre salud pública salgan de los congresos y los círculos universitarios y lleguen masivamente a la población. No deben dejarse solo en manos de las élites intelectuales y políticas. Es necesario introducir la bioética en la enseñanza secundaria a fin de que los futuros ciudadanos estén preparados para este tipo de debates. También es necesario trabajarlo en grados universitarios. Estas materias tan solo se tocan por encima en algunas carreras, más allá de la de filosofía, su ámbito natural. Finalmente, hay que hablar con naturalidad de bioética en los medios para que estas cuestiones lleguen a todo el mundo. Solo así estaremos preparados para los futuros retos de salud pública.

III

ÉTICAS APLICADAS EN UNA SOCIEDAD ENTRE PANDEMIAS

El lugar y el tiempo de la ética aplicada

Tomás Domingo Moratalla

Cuando hablamos de «horizontes de la bioética» no podemos dejar de plantear el lugar y la oportunidad de lo que entendemos por *ética* en general y, en particular, por *ética aplicada*. Por otra parte, hablar de «horizonte» es tener en cuenta la dimensión temporal de nuestros problemas. La ética se define en función de lugares (espacios) y tiempos. Vivimos entre espacios de experiencia —la reciente pandemia, por ejemplo, y su posterior vuelta a la «normalidad»— y el horizonte al que esta experiencia nos abre. ¿Podemos quedarnos igual? ¿Hemos aprendido algo? ¿Cómo valoramos lo aprendido? ¿Qué política vamos a seguir y, sobre todo, qué ética vamos a aplicar?

La ética no tiene más remedio, como creación humana que es y donde nos jugamos el sentido de lo humano, que habitar nuestro tiempo, «tiempo entre pandemias». No hemos vivido la primera ni la última. Necesitamos un saber que esté alerta, capaz de afrontar las situaciones nuevas con las que nos iremos encontrando. No nos queda más remedio que aprender de la experiencia para buscar la acción que conviene, el momento oportuno, el *kairós*. El tiempo humano no es un mero pasar, una suma de momentos anónimos de segundos, horas y años. Es un tiempo con sentido. No es lo mismo una medida que tomamos aquí y ahora que si la posponemos unos días o si la aplicamos en otro lugar. En ética no solo son importantes el lugar y las circunstancias, sino también el momento, la oportunidad, lo que llamamos precisamente *kairós*.

La ética de nuestra época, quizá la de todas las épocas, es sin lugar a dudas una «ética aplicada». La ética no es un lujo, es algo ineludible. Ya lo sabíamos, pero por si había alguna duda, nuestras experiencias colectivas recientes nos han ayudado a despejarla. Ahora se trata de buscar la manera de aprender, de que la experiencia y los sufrimientos no hayan sido en vano. Ante las exigencias y urgencias de lo cotidiano no podemos esperar a tener idealmente la ética perfecta, sino buscar la manera de responder de la manera más adecuada, más responsable y eficaz mediante lo que he llamado «el gesto imperfecto».[1]

Hay que descartar dos planteamientos profundamente erróneos que hacen que no se capte el sentido de lo que se puede entender como «éticas aplicadas». El primer error consiste en definir la ética aplicada en la oposición «fundamental»/«aplicada», como si hubiera un momento «teórico», intelectual, y luego hubiera que llevar a la práctica esto que hemos ganado en la teoría. La ética fundamental ya es aplicada, y la aplicación cuenta también con momentos teóricos, críticos o constructivos. El segundo error es entender la ética aplicada como la manera de aportar ética a un mundo que de por sí es inmoral. Estaríamos viviendo en un mundo inmoral y la moralidad sería cuestión de «otro mundo». La ética solo sería, en este esquema, un correctivo (en el mejor de los casos) a la inmoralidad del mundo, a un mundo descarriado. Pero ni la ética es tan pura —por definición, es impura y referida al mundo—, ni en el mundo deja de haber momentos, oportunidades y experiencias llenos de ética y abiertos a la responsabilidad. Lo vivimos en esta época «entre pandemias».

Planteamos aquí, y en tantos otros lugares, grandes debates en torno a la salud pública, desde los que apuntamos a una nueva ética pública, social e incluso política. Y nos planteamos: ¿qué hacemos? ¿Cómo lo hacemos? Tomar decisiones no es fácil. Los profesionales sanitarios han tenido que tomar decisiones difíciles; hemos sufrido fuertes limitaciones de derechos y se han justificado, en ocasiones de manera un tanto deficiente (éticamente

1 T. Domingo Moratalla, «De la exigencia de lo cotidiano al gesto imperfecto. La vía hermenéutica de las éticas aplicadas», *Dókos. Revista Filosófica* 19-20 (2017), pp. 37-69.

deficiente), multitud de medidas. También el activismo creció y tuvimos que actuar de manera arriesgada frente al caos, las situaciones de emergencia, y nos vimos obligados a elegir trágicamente unos valores frente a otros.

Ahora, quizá con más calma, no nos podemos permitir no haber aprendido nada de esta época en la que vivimos entre crisis y recuperaciones de cierta normalidad —no sabemos muy bien qué normalidad—. Nuestra exigencia no proviene de grandes proclamas o convicciones, sino de lo concreto. La exigencia nos viene de muchos lugares y ámbitos; ahora, a propósito de nuestro tiempo, y pensando en el área de las éticas aplicadas, vemos que esta exigencia procede de lo *cotidiano,* es decir, no de «otro mundo» ni de niveles académicos o puramente teóricos, sino de la vida en sus quehaceres diarios. Y es esta cotidianidad la que reclama algo de nosotros, la que nos pide atención, cuidado y responsabilidad. No es una exigencia divina, intemporal, ni tan siquiera de nuestro propio yo íntimo o de nuestra vocación, sino una exigencia del mundo en el que hacemos la vida y en el que estamos, queramos o no, implicados; si estamos enredados en historias, si estamos «ubicados» en este mundo, no podemos hacer oídos sordos a las voces, exigencias, peticiones o reclamaciones. Lo cotidiano se convierte en categoría central para una ética que posee necesariamente una orientación y vocación práctica. Pero quizá no haya más exigencia que la de lo cotidiano y hacer algo por nosotros, por la vida, por la humanidad, ya sea por aquello que tenemos cerca, al alcance de nuestra mano, de nuestra reflexión y de nuestra acción. Nuestra época «entre pandemias» lo pone así de manifiesto.

Aprender de estas situaciones nos exige potenciar y desarrollar una ética que es siempre personal, pero también profesional, institucional y política. Estamos entre crisis, entre normalidades, y es en este espacio en el que debemos buscar esos lugares de reflexión, esos vínculos, esos consensos éticos fuertes. No debemos esperar a la catástrofe para ponernos en marcha. El momento es «ahora» y el lugar «aquí». Y de eso habla la ética (aplicada). Y ante este reto tampoco podemos esperar responder con el anhelo de perfección o pureza, sino con un gesto imperfecto. Aquí y ahora se nos impone un espacio y un tiempo para trabajar buscando estrategias de cuidado y de hospitalidad, cuando no nos queda más remedio que «habitar en tiempos de pandemia».[2]

Esta reivindicación de lo cotidiano es crucial para el devenir de lo que solemos llamar «éticas aplicadas» y para la correcta caracterización de su estatuto, sentido y alcance. Las éticas aplicadas no encuentran su definición en las grandes construcciones o en lo trágico de los grandes dilemas con los que muchas veces definimos la filosofía práctica. Reivindicar lo cotidiano es reivindicar el lado problemático de la propia vida individual y social. Debemos saber escuchar (y, por tanto, plantear y afrontar) los problemas en los que nos hallamos inmersos. Lo cotidiano no se define necesariamente por la tragedia (dilemática), aunque a veces aparezca. Es lo que ha sucedido en «nuestro tiempo de pandemia». Pero reivindico la categoría de «lo cotidiano» y tiendo a huir de los tonos dilemáticos, graves y patéticos, que suelen asfixiar la ética y volvernos inoperantes, imprudentes e irresponsables.[3]

Para responder a las exigencias de lo cotidiano (¿a qué, si no es a ellas, debemos responder?) con el gesto imperfecto (¿es posible algún otro?) en los horizontes de la bioética necesitamos construir, ver y narrar aquellos momentos en los que más allá de la desesperación fuimos capaces de alimentar con nuestros quehaceres algunas razones para la esperanza. La esperanza es, también, hija del tiempo.

---

2 Cf. L. Feito y T. Domingo Moratalla, «El descuido y lo inhóspito. Habitar tiempos de pandemia», *Revista Española de Salud Pública* 96 (2022), pp. 1-10.

3 Proyecto «Educación en bioética y deliberación democrática», PID2020-115522 RB-100, financiado por el Ministerio de Ciencia e Innovación de España y dirigido por la IP Lydia Feito.

Éticas aplicadas en una sociedad entre pandemias. La dimensión social

Begoña Román Maestre

1. Más allá de lo sanitario, lo social

Hay dos tesis que, a pesar de ser conocidas, incluso demostradas con evidencias y repetirse hasta la saciedad, siguen siendo desoídas. La afectación y la gestión de la pandemia pusieron aún más de relieve su desatención. La primera tesis es que el 80% de los factores determinantes de la salud son sociales, lo que significa que, independientemente del concepto de salud que se maneje, la salud es más que lo sanitario. La segunda tesis es que la atención a la salud debe ser integral, biopsicosocial, como desde finales de los años setenta del siglo pasado ya reivindicara el psiquiatra Engel,[1] a lo que hoy cabría añadir la dimensión espiritual.

La atención primaria es crucial para lograr mejores cuotas de salud en la ciudadanía. Parte de su éxito se debe al tiempo de acogida que reivindican los profesionales para estar con el paciente y su familia, para poder conocerlo y acompañarlo en la toma de decisiones sobre su vida (siempre más que la salud) desde el paradigma de la autonomía del paciente, y a la apertura a lo social, a lo comunitario. La medicina de atención primaria, familiar y comunitaria, de cabecera (los nombres son importantes), cuando se practica bien, atiende lo biológico, lo psicológico y lo social de manera integral y desde la proximidad, lo que contribuye a la forja de una ineludible confianza en la relación terapéutica. Parte de su

1 G.L. Engel, «The Need for a New Medical Model. A challenge for Biomedicine», *Science* 196/8 (1977), pp. 129-136.

éxito (y de su fracaso cuando falla en eso) radica no solo en la proximidad, la estabilidad en la relación o la atención a la prevención, sino en la ampliación de la mirada, más allá de lo biológico y de la enfermedad, a lo social y a lo comunitario, lo psicológico y las razones para perseverar, cuidar y cuidarse. No hay ni que decir que todo eso entró en crisis en la pandemia y que todavía dura.

Cabe recordar que lo social no se agota si ponemos a trabajadoras sociales para gestionar ayudas económicas para suplantar las carencias materiales por robots que simulan hacer compañía. Del mismo modo, cabe recordar que la pandemia de salud mental no va a resolverse con el aumento de horas en primaria de profesionales de psicología clínica. Sin quitarle mérito a nada de esto, queremos poner el énfasis en la dimensión social, ya que explica mejor la sindemia que siguió a la pandemia.

Y aunque la pobreza sigue siendo trascendental, recordemos la conocida sentencia marxista según la cual la infraestructura económica determina la estructura y la superestructura: no todo se arregla con más dinero (público o privado) ni con más mercado. Como tampoco va a ayudarnos a rearmarnos moralmente volver a centrarnos en lo sanitario y reivindicar más sanidad pública. Por mucho que se invierta más en sanidad, se repartan más ayudas sociales y aumente el número de profesionales, la tan valorada y reivindicada sanidad pública no puede ni podrá estar a la altura de las expectativas generadas.

Otro factor que se suma al fomento de la centralización de lo sanitario en lo biológico y de la sanitarización de la salud es el positivismo que invade las ciencias empíricas (ahora ya se habla de «positivismo dataísta») y que pretende monopolizar la cuestión del sentido. El entendimiento causal no agota la comprensión existencial. No podemos volver a centrarnos solo en lo sanitario para atender el malestar en la cultura. Se paliará mucho más la lucha contra la pobreza si hay una mejor dotación de servicios sociales y si se mejoran las políticas sociales públicas.

La cultura del «más es más» y del control total permanece intacta acríticamente, cual dogma. Ese dogma genera una euforia excesiva en la noción de progreso. Todo problema es resoluble científicamente con más dinero para tener conocimientos y combatir cualquier forma de adversidad que se nos presente. Porque querer es poder. Porque conocer es poder y porque poder siempre conlleva triunfar. A pesar de las pandemias que ha atravesado y que atravesarán la historia de la humanidad cada cierto tiempo, volvemos a creer que con técnica y conocimientos saldremos de ellas.

Lo social apunta al tipo de comunidades y de vínculos que en ellas se generan, y según como sean, también hacen enfermar. Con frecuencia olvidamos que la salud depende también del tipo de sociedad, de las comunidades y de las culturas que generamos. Y la nuestra había creído en la disponibilidad de la vida,[2] en que lo teníamos todo bajo control, dominio y manejo, lo que ha dañado nuestra capacidad de resistencia colectiva y nuestro bienestar personal y social, sin que ese bienestar se identifique con la total armonía a la que apunta alguna noción de salud.

La indisponibilidad de la vida significa que no todo está bajo control, que a la incertidumbre propia de la ignorancia se le debe añadir la incertidumbre por «ignotancia».[3] Lo ignoto nos recuerda nuestra finitud, nuestros límites. Su negación nos hace no solo éticamente más soberbios y prepotentes como sociedad, sino, lo que es peor, nos hace más débiles para afrontar lo que venga y afrontarlo bien. Ese «bien» comienza por la justicia social, que exige no aumentar el mal de los que están peor, según el famoso principio de diferencia de J. Rawls.[4]

Es en ese aspecto donde la pandemia y sus consecuencias han dejado claro que la salud, reducida a lo sanitario, no solo no puede con ello, sino que entra en un bucle de resentimiento y protestas que vuelven a pedir más y más para atender lo que, quizá, no pueda ser del todo controlado, y sobre todo no clíni-

---

2 H. Rosa, *Lo indisponible,* Barcelona, Herder, 2020.

3 R. Meneu y P. Ibern, «COVID. Información científica especializada, información pública y medios de comunicación durante la crisis del coronavirus», 2020. Disponible en https://www.aes.es/blog/2020/06/03/informacion-cientifica-especializada-informacion-publica-y-medios-de-comunicacion-durante-la-crisis-del-coronavirus/ [acceso el 3/06/2024].

4 J. Rawls, *Teoría de la justicia,* Madrid, FCE, 2022.

camente controlado. O, dicho de otro modo, se vuelve a las reivindicaciones desde un concepto de justicia muy economicista. Estas fueron algunas de las críticas al planteamiento de Rawls: que todo lo redujera a ingresos y riqueza y desatendiera las reivindicaciones que desde las éticas del cuidado se venían haciendo.[5]

Todas ellas se centran en lo que se conoce como «atención integral centrada en la persona». Se denomina «integral» por abarcar todas las dimensiones, y «centrada en la persona» porque se refiere no solo al control de la enfermedad, sino también a la atención a su circunstancia, tanto la familiar como la de las relaciones que esa persona tiene.

En efecto, con frecuencia la atención a lo social desde el punto de vista ético se ha centrado en una visión de la justicia focalizada en contratos entre personas capaces, autónomas y fuertes para reivindicar sus derechos y en instituciones estables que funcionan cotidianamente para garantizar los contratos sociales. Pero aun siendo necesaria esa voz, no es suficiente, como ya remarcara Gilligan.[6] La ética del cuidado atiende a los contextos y a sus peculiaridades, a las labores que exigen unas rutinas cotidianas indispensables. Si se dejan de prestar los cuidados que corresponde (pues son de justicia), la vida se trunca o al menos se resiente y genera animosidad que desestabiliza, lo que impide la cohesión social.

Lo social apunta al tipo de sociedad que forjamos, no solo al asistencialismo de los que quedan al margen. La pandemia y sus «mientras tanto» ponen de relieve lo desacertado del planteamiento de volver a hacer lo mismo con más de todo. Y, como era de esperar, quienes más sufrieron y lo continuarán haciendo son y serán los más vulnerables, a saber, los dependientes y, entre ellos, los mayores institucionalizados.

---

5 M. Nussbaum, *Las fronteras de la justicia,* Barcelona, Paidós, 2007.

6 C. Gilligan, *In a Different Voice, Psychological Theory and Women's Development,* Havard, Harvard University Press, 2016.

2. El cuidado de las personas mayores

Sin olvidar cómo se empobreció la vida de quienes, aunque estuvieron en sus casas, vieron muy mermada su situación relacional (apenas suplida por el contacto virtual, porque no pertenecen a la generación digitalizada, como el resto de la población), no cabe duda de que las personas mayores de las residencias fueron las más afectadas. Unos y otros sufrieron tal pérdida de sociabilidad que el deterioro cognitivo, la tristeza y la soledad no deseada se cebaron especialmente con ellos. Sin volver a repetir lo mucho que se ha dicho de las residencias, y sobre todo el atropello innegable que sufrieron en particular los derechos de las personas que habitaban en ellas, quisiera insistir en tres aspectos en aras de aprender, para que no vuelva a ocurrir.

En primer lugar, el asistencialismo que impera en muchas residencias generó una biopolítica total: el control de las vidas, los cuerpos y los tiempos. Una circunstancia fue la vivida en la primera ola, en la que no se sabía cómo actuar, y otra, la que ahora nos ocupa, el tiempo entre pandemias, en el que, a pesar del paso de las olas y del aumento de los conocimientos, en las residencias se instalaron y se cronificaron reglas a las que el resto de la población ya no estaba sometida.

En segundo lugar, al ponerse la atención en las residencias se evidenció el desconocimiento que se tiene del sistema de servicios sociales, al que se tiende a equiparar muy erróneamente con el sistema sanitario. La difícil cuestión de la atención a la dependencia de las personas mayores no se solventa con la gestión de las residencias por el departamento de salud. Quienes conocen los servicios sociales en nuestro país saben que no solo es la cenicienta del sistema, sino que en ella impera aquello de «divide y vencerás», pues está repartido entre administración nacional, autonómica y local, con la ineludible provisión de fundaciones y otras organizaciones sociales de justicia: las antiguas organizaciones no gubernamentales.

En tercer lugar, al desconocimiento de los servicios sociales en general y de las residencias en particular se añade, además de la falta de plazas públicas en las residencias, la carencia de inspectores, de profesionales, el afán de lucro de muchas empresas que han entrado en el ámbito social como un «nicho» de mercado y la precariedad endémica de los profesionales del sector.[7] No olvidemos la altísima rotación de profesionales en la gerontología (que no permite vínculos, estabilidad ni cotidianidad al tener que recomenzar una y otra vez), la falta de vocación (el personal se marcha por falta de alternativas en el empleo) y, con frecuencia, la falta de preparación técnica y relacional.

Hace muchos años que dentro del sector se sabía lo que la pandemia expuso a los cuatro vientos: el sistema social no funciona, como el sanitario o como el hotelero. Se habla de cambiar los modelos de residencias. En ellas se vive la última etapa de la vida en unas condiciones físicas que, gracias entre otras causas a la longevidad conquistada en las últimas décadas, no habíamos conocido antes. Se habla de prevenir la institucionalización e incluso de fomentar la desinstitucionalización para que la gente pueda vivir el mayor tiempo posible, y bien, en su domicilio y en su barrio. Por supuesto que hacen falta muchos cambios políticos y económicos, pero aquí me quiero centrar en los sociales. Y estos tienen que ver con los cuidados y con las políticas que comportan. De nuevo aparecen las grandes preguntas que apuntan al marco: ¿cómo tratamos como sociedad con las personas más vulnerables?, ¿cómo apreciamos de veras —y pagamos— a los cuidadores?, ¿cómo nos organizamos para que las tareas de cuidados no sean el incordio que nos impide prosperar en los trabajos productivos (no de mantenimiento de una vida en sus últimos años), los reconocidos social y económicamente y, por tanto, en los que sentirse realizado?

Quiero poner en valor la actividad de cuidar a las personas mayores, esa labor que mantiene la vida, incluso cuando ya no se es tan fuerte y con toda la vida por delante, pues en el buen final

7 J.A. García, «La ética de las medidas de salud pública adoptadas en las residencias de ancianos. Lecciones para el futuro», en VV.AA., *Cuidarse en la sociedad entre pandemias,* Barcelona, Fundació Víctor Grífols, 2022, pp. 71-85.

se cifra todo y no se llega ahí sin el cuidado. Cómo una sociedad trata los cuidados y los valora, no escondiéndolos en la vida privada, sino haciendo de ellos una cuestión pública (porque lo personal es político y no solo en el caso de las mujeres, aunque son las que viven más tiempo) es algo que requiere política y organización.[8]

El final de la vida y la cronificación de las enfermedades al envejecer contienen importantes dimensiones clínicas, pero no las agotan. No se trata solo de disponer de mejores profesionales de servicios de atención domiciliaria, de servicios paliativos o de mejores leyes de dependencia que se focalizarán en la persona en sus circunstancias. No pongo en duda que se necesita de todo eso y que debería satisfacerse. Pero no se trata de profesionalizarlo todo. También cabe pensar el tipo de sociedad que construimos y el lugar que hay en ella para los cuidados. Las labores cotidianas y repetitivas, que, contra Arendt, son públicas,[9] pueden convertirse en productivas (ganarse la vida cuidando y hasta enriquecerse cuidando), si bien no debieran permitir que haya que dejarse la vida cuidando ni abandonar el cuidado a su suerte.

No se trata solo de una cuestión de pandemia y de entre pandemias. No tenemos resuelta la atención a la dependencia de las personas mayores. Queriendo protegerlos se les hizo mucho daño, a ellos y a sus allegados. Muertes en soledad, duelos patológicos sin apenas ritos ni rituales. También se acusó a los profesionales del ámbito social. ¿Qué haremos, además de pedir disculpas, que se merecen, para que esto no vuelva a ocurrir? Es insensato creer que lo haremos con más tecnología, con más dinero y delegando las tareas desagradables hacia gente que procede de países con culturas cariñosas, que parece que nosotros hemos perdido irremediablemente, para que hagan lo que nosotros no queremos hacer. Este es un tema social, cultural, educativo y, sobre todo, ético. Pues se trata de, sobre todo, no dañar a los más vulnerables.

---

8 J.C. Tronto, *Caring Democracy. Markets, Equality and Justice,* Nueva York, NYU Press, 2013.

9 H. Arendt, *La condición humana,* Barcelona, Paidós, 2005.

Si el individuo es una microinstitución social y la fraternidad debe ser un derecho político,[10] hacen falta cambios grandes, no parches. Por eso no creo que se resuelva con un nuevo contrato social, pues no se trata de más de lo mismo. Si en los adjetivos están los matices, la clave está en lo social, no en el contrato y en la antropología que subyace (de individuos autónomos, autosuficientes y capaces). El tiempo entre pandemias debería ser un tiempo entre costuras, pero para hacer trajes a medida de la precariedad que nos constituye y de la fragilidad humana, sin olvidar la indisponibilidad de la vida y abrirnos a la posibilidad de resonancia.[11] Una clara muestra del cambio radicará en cómo tratamos (más allá de tratamientos clínicos) la vejez.

3. La necesidad de integrar lo sanitario y lo social

La dinámica social acelerada, que consiste en el aumento de la longevidad, nuevas formas de dependencia y cronificación de enfermedades, inserción laboral de las mujeres, tipos de familia donde los derechos y deberes de cuidar están cuestionados y hacen obsoleta la manera tradicional de abordar la dependencia y de institucionalizarla, etc., exige unas estructuras más interconectadas y flexibles, como proclaman las teorías y buenas prácticas del cuidar, y metas y directrices compartidas. El «no» une: sabemos qué es lo que no queremos.

En esos cambios que necesitamos es bienvenida la creación de una agencia que promueva la integración de lo sanitario y lo social desde la atención integral centrada en la persona y en sus circunstancias, pues la persona siempre tiene su circunstancia. Por eso es importante atender el enfoque grupal, comunitario y poblacional. Y la bioética social alude a esa ampliación de la mirada, no solo desde el enfoque del *One Health,* sino desde la repartición de los riesgos y beneficios poniendo la prioridad en la justi-

10 Á. Puyol, *El derecho a la fraternidad,* Madrid, Los libros de la Catarata, 2017.

11 H. Rosa, *Lo indisponible, op. cit.*

cia social desde el cuidado, en el valor de los más vulnerables. No nos sirve solo apelar a la condición de vulnerable de Rawls: bajo el velo de ignorancia el otro concreto desaparece.[12] La atención y el cuidado de la vulnerabilidad exigen un contexto y un cambio de mirada, lo cual reclama, a su vez, un tipo de comunidades que no dan por supuesto que no vaya a volver a pasar y que hay que volver a lo mismo.

La pandemia volvió a poner sobre el tapete la cuestión de la salud pública, la más social de las especialidades médicas y en la que emerge con frecuencia el conflicto entre los derechos colectivos y los individuales. Ello exige una noción de justicia social no meramente utilitarista, de felicidad del máximo número, sino de reparto proporcional de cargas y beneficios atendiendo a la vulnerabilidad.

La dimensión social es fundamental para crear capacidades, generar vínculos y dar estabilidad. La constitutiva finitud y la apertura a lo otro y a los otros hacen que, incluso sabiendo que nadie puede con todo ni lo sabe todo, podamos confiar en nuestra capacidad de afrontar juntos y resistir juntos lo que venga. La confianza de la ciudadanía en su ciudad y en sus conciudadanos, en sus instituciones y en las profesiones y profesionales de cuidados no depende solo de contratos sociales, sino que requiere de proximidad, de dar a conocer y de dejarse interpelar. Eso exige una apertura que permita traspasar fronteras, puertas y ventanas y toque las nociones de hospitalidad y cortesía.

La agencia catalana encargada de unir lo social y lo sanitario debe empezar por las personas mayores, si bien eso implica urbanizar la provincia de los servicios sociales. Si el 80% de los factores sociales determinantes de la salud siguen sin ser atendidos, nos encontramos en una sociedad ineficiente que no traslada conocimientos. Mientras vamos cambiando la mentalidad que confronta y divide justicia y cuidados, derechos individuales y colectivos, necesitaremos deliberar y gestionar la complejidad atendiendo los casos. Y el caso es que no todo el mundo enve-

12 S. Benhabib, *El ser y el otro en la ética contemporánea,* Barcelona, Gedisa, 2006.

jece igual. Y habrá que cuidarse de que puedan decidir incluso sobre de qué y cómo morir, si hacerlo aislados y tristes, si a causa de COVID o con la enfermedad crónica.

Los servicios sociales han sido asunto de muchos cambios legislativos. Además de ir cambiando las jerarquías y preferencias en las agendas, abunda la obsolescencia en la cartera de Servicios y faltan directrices compartidas. Pero no por parte de las personas afectadas o por parte de los profesionales técnicos involucrados. Adolecemos de continuidad y perseverancia en los cambios a implementar; de falta de liderazgo y de conocimientos, de evidencias y de informes sobre el resultado de muchos programas piloto. El sector social goza de un voluntarismo activista que no siempre es reconocido por las administraciones y se queda en una anécdota que no trasciende. La integración de lo social y lo sanitario debe comenzar por las instituciones, pero estas deben abrirse a la interpelación de profesionales y a la ciudadanía, que en la cuestión de vivir y envejecer es quien más sabe.

El principio de sostenibilidad como respuesta a las crisis y a la normalidad

Jordi Mir García

2022: récord de emisiones y 6 meses de verano

En 2022 se batió el récord de emisiones causantes del cambio climático y el calentamiento global en el planeta. Lo explica el informe del Global Carbon Project[1] (GCP), que fue presentado coincidiendo con la cumbre sobre el cambio climático de Naciones Unidas COP27, que tuvo lugar en Sharm el-Sheij (Egipto) a finales de año. Las emisiones de CO_2 habían disminuido por efecto de los confinamientos y de los paros vinculados a la pandemia de COVID-19 durante los años 2020 y 2021. La voluntad de «volver a la normalidad» ha significado volver a las dinámicas de producción, transporte, consumo... y a superar incluso los niveles previos a la pandemia. No dejamos de emitir los productos contaminantes causantes del cambio climático que surgen del uso de combustibles fósiles. No dejamos de emitir lo que más daño nos causa. No asumimos la realidad.

El año 2022 también pasará a la historia por ser el del verano de seis meses en lugares que nunca lo habían vivido. Es el caso de Barcelona, por ejemplo. Desde el estudio de la meteorología y la climatología se considera que un mes de verano es aquel en el que la temperatura media es de 20 grados o más. En 2022, durante seis meses tuvimos más de 20 grados de temperatura media en Barcelona: mayo, junio, julio, agosto, septiembre y octubre.

1 «Global Carbon Budget», 2022. Disponible en https://globalcarbonbudget.org/carbonbudget2023/ [acceso el 3/06/2024].

No tenemos constancia de que esto haya pasado anteriormente. Puede parecer imposible, pero ha ocurrido. Puede parecer excepcional, pero así es. De momento es una excepción, pero responde a una tendencia ya acusada en los últimos años, en las últimas décadas. Es excepcional porque no lo hemos vivido antes, pero deja de serlo cuando vemos el progresivo aumento de las temperaturas que nos han conducido hasta aquí.

No está escrito que cada año tenga que hacer más calor que el anterior. No se trata de eso. Pero cuando observamos la gráfica de las temperaturas se hace evidente una constante: se está produciendo un aumento considerable de las temperaturas que no se detiene. Puede que un año las temperaturas no suban tanto como el anterior, pero en el ciclo lo que se acaba viendo es la temperatura en aumento. Y en 2022 llegamos a batir ese desgraciado récord.

Sabemos cuáles son las causas de ese aumento de las temperaturas: las emisiones de gases de efecto invernadero que originan el calentamiento global. Estas emisiones proceden de la utilización de combustibles fósiles, la energía que utilizamos de forma mayoritaria en nuestras sociedades: petróleo, gas y carbón. Ya sabemos qué consecuencias tiene y cuáles podría tener este aumento de las temperaturas: riesgo generalizado para la vida en el planeta, desplazamiento masivo de millones de personas que deben marcharse de su casa y de su país porque ya no se dan las condiciones para vivir ahí; daños en la agricultura, limitaciones al acceso a recursos hídricos, de por sí muy mermados, impactos en la salud... Sabemos también qué habría que hacer para responder al aumento de las temperaturas: reducir las emisiones de los gases de efecto invernadero. Necesitamos hacerlo ya, es necesario detener la escalada del crecimiento de nuestras emisiones. Solo así podremos evitar los daños actuales y el creciente aumento del calentamiento global.

Nos encontramos en una enorme y grave paradoja: cuanto mejor conocemos la gravedad de la emergencia climática que vivimos es cuando más emisiones producimos. A pesar de las declaraciones y de las diferentes políticas que se desarrollan para hacer frente al cambio climático, no actuamos de manera suficientemente decidida para poner freno a las emisiones. Necesitamos frenarlas para conseguir, por ejemplo, que no aumente la temperatura del planeta y poder así seguir viviendo donde ahora lo hacemos. Es así de sencillo y así de crudo. Debemos dejarnos guiar por la ciencia que nos ofrece el Grupo Intergubernamental de Expertos sobre el Cambio Climático (IPCC) vinculado a Naciones Unidas.

La vuelta a la normalidad

Hay quien, de manera muy comprensible, deseó volver a la normalidad en 2022, como seguramente lo deseó en 2021 y como seguramente lo deseó desde que tuvo que confinarse: volver a la normalidad, a la vieja cotidianidad prepandémica. Después de años de pandemia, con todo el sufrimiento, el dolor y el malestar que causó, es más que comprensible querer volver a un tipo de vida que no se asocie con estos males. Pero es necesario plantear que en la normalidad de esos años está el origen de aquello que hoy queremos abandonar. Y no hay forma de volver a lo que nos ha traído hasta aquí. La nostalgia de ese pasado aparece de manera recurrente y aunque es utilizada por algunas opciones políticas, los problemas que la pandemia ha agudizado solo tienen solución en una sociedad nueva. Una sociedad que esté más cerca de otro tipo de medidas, que sea más proclive a adoptar cambios que de volver a una normalidad que ha sido y es la causa de la debacle.

Se comprendía la necesidad de volver a lo más deseable de la vieja normalidad, lo que en plena pandemia no se podía vivir, si bien eso no debería significar olvido, confusión o falta de conciencia. Durante la pandemia decíamos que el coronavirus era la causa más destacable de nuestros males. Se habló incluso de emprender una guerra contra el virus y lo cierto es que esta metáfora ha tenido muchas implicaciones. No podíamos viajar por culpa del coronavirus; nuestros trabajos, empresas y negocios estaban en crisis por su culpa. Pensábamos que si este desapareciese podríamos volver a la normalidad, pero nos olvidamos de que la normalidad fue la que nos llevó al virus.

Deberíamos dedicar más atención a pensar que el virus es más una consecuencia que una causa de nuestro malestar. El virus es la consecuencia de nuestra depredación del medio, de la deforestación, de nuestra relación con los seres vivos con los que convivimos en este planeta, de nuestra desatención a la epidemiología, de la eliminación o reducción de los servicios encargados de estudiar los virus, de prepararse para las pandemias. Lo mismo podemos decir de los recortados e infrafinanciados sistemas de salud de nuestros países. El virus no es un castigo divino; tampoco es un hecho natural imprevisible. Es inconcebible que pasemos por esta trágica vivencia causante de tanta muerte y dolor sin poder aprender de ella. La llegada de la pandemia y el confinamiento ayudó a pensar en lo esencial, incluso a legislar sobre ello. Lo esencial era la vida, todo aquello que podía hacer posible la vida desde los cuidados. Pero el fin del confinamiento ha mostrado qué es lo esencial. Lo esencial ahora vuelve a ser el capital.

Al empezar la pandemia aumentó la conciencia de disponer de un sistema sanitario que pudiera responder a las necesidades de la sociedad, de establecer qué es lo esencial y aplicar medidas para garantizarlo, de suspender desahucios porque las personas necesitan tener garantizado el derecho a la vivienda, de garantizar los puestos de trabajo, de ofrecer ayudas a los sectores de la población más empobrecidos y a sectores económicos afectados... Garantizar las necesidades de la vida por delante de otros intereses.

Más que volver a la normalidad, necesitamos volver a lo extraordinario. Necesitamos la extraordinariedad. Necesitamos situarnos fuera del orden, de lo habitual, de lo que ya hemos vivido y que es responsable de lo malo que estamos viviendo. Necesitamos una excepción a las políticas y a las maneras de hacer que nos han traído hasta aquí.

Hay que analizar y pensar con determinación y detalle la relación entre vida y capital. Nuestro sistema económico, político y social quiere que el capital haga posible la vida. Pero la vida es lo esencial. El capital está acabando con las vidas del planeta, lo sabemos desde hace décadas, y ahora la pregunta debería ser qué hacer para que sean posibles las vidas que necesitamos vivir.

Hacer habitable el planeta

Bruno Latour, filósofo, antropólogo e historiador de la ciencia, murió el 9 de octubre de 2022 y en su última etapa vital insistía en que no hemos sido capaces de aprovechar suficientemente la toma de conciencia durante el período de confinamiento. Al final de su vida nos enviaba un mensaje muy claro: «Los desastres anunciados sucederán fruto de la inacción de las generaciones anteriores, pero tenemos capacidad de reacción y es necesario decidirse a actuar».[2]

Latour buscaba extraer aprendizajes del confinamiento y la pandemia en *¿Dónde estoy? Una guía para habitar el planeta.*[3] Exponía que la vuelta a la normalidad está pasando por encima de todo lo que quizá aprendimos durante el tiempo de paro. Sobre la economía, por ejemplo. Latour distingue la Economía —con mayúscula—, que hemos confundido con la vida, de la economía con minúscula, la disciplina. El tiempo de confinamiento y de parones nos ha permitido salir, dice Latour, de la jaula de la Economía para ser conscientes de lo importante, de lo que necesitamos para vivir y para hacer habitable la Tierra.

Latour insiste en la necesidad de hacer emerger una nueva conciencia ecológica, más allá de la oposición izquierda/derecha. Su última obra, publicada en vida, la dedica enteramente a esta cuestión: *Mémo sur la nouvelle classe écologique,* escrita con Nikolaj

2 Traducción propia de *Entretiens avec Bruno Latour* [vídeo], Arte.tv, 2022 [https://www.arte.tv/fr/videos/106738-012-A/entretiens-avec-bruno-latour-12-12/]. Esta entrevista ha sido publicada posteriormente en B. Latour, *Habitar la Tierra,* Barcelona, Arcàdia, 2023.

3 B. Latour, *¿Dónde estoy? Una guía para habitar el planeta,* Madrid, Taurus, 2021.

Schultz y publicada en 2022.[4] Quizá pensemos que es muy difícil hacer el cambio que necesitamos, pero sus últimas palabras están dirigidas a convencernos de lo contrario: «A fuerza de hacer la lista de todos los puntos que tendremos que trabajar juntas para conseguir esta famosa conciencia de clase, podríamos sacar la conclusión desalentadora de que hay tanto por cambiar, y sobre temas tan diversos, que la clase ecologista no tiene posibilidad de competir nunca con las clases dominantes actuales, sobre todo porque le falta tiempo, pero, por otra parte, probablemente ya está todo hecho porque, en el fondo, la gente ha comprendido bien que han cambiado el mundo y que habitan en otra Tierra. Como señaló Paul Veyne, las grandes transformaciones a veces son tan sencillas como los movimientos que hace alguien durmiendo para acostarse».[5] Estamos muy cerca de esa gran transformación. Nunca como hoy tanta gente tiene esa conciencia ecológica, nunca como hoy el mundo ya ha empezado a cambiar, nos falta darnos la vuelta en la cama y decidir cómo hacer el cambio definitivo.

Yayo Herrero, en *Educar para la sostenibilidad de la vida. Una mirada ecofeminista a la educación,*[6] una obra que puede ponerse a dialogar con la de Latour, recoge lo esencial trabajado durante años en el ámbito de la educación por la sostenibilidad. Empieza haciéndose unas preguntas básicas y nos ofrece materiales para encontrar respuestas y soluciones: «¿Son conscientes nuestros sistemas educativos del momento histórico que atravesamos? ¿Sabemos que la vida humana y no humana está amenazada? ¿Nos preparan para comprender el contexto sobre qué se desarrolla y qué se desarrollará durante la vida de quienes hoy se educan en las escuelas? ¿Ayudan a prefigurar un futuro viable, justo y desea-

---

4 B. Latour y N. Schultz, *Manifiesto ecológico político. Cómo construir una clase ecológica consciente y orgullosa de sí misma,* Madrid, Siglo XXI, 2023.

5 Traducción propia del último apartado del libro, el número 75. B. Latour y N. Schultz, *Mémo sur la nouvelle classe écologique,* París, Éditions La Découverte, 2022, pp. 94-95.

6 Y. Herrero, *Educar para la sostenibilidad de la vida. Una mirada ecofeminista a la educación,* Barcelona, Octaedro, 2022.

ble? ¿Capacitan para el diálogo, la búsqueda de consensos, el abordaje de los conflictos y la posibilidad de transformación? ¿O simplemente reproducen conocimientos, creencias y valores que están en el origen de la crisis de civilización?».

Progreso contra crecimiento

Una mayoría de la población de nuestra sociedad ha llegado a asumir que existe lo que llamamos «cambio climático». No negamos las investigaciones que lo confirman y nos lo muestran con una gran diversidad de estudios y desde diferentes centros de investigación y administraciones. Pero no es suficiente con no ser negacionistas, hay que actuar. No podemos procrastinarlo más. No podemos pensar que hay tiempo para actuar. Todos los informes nos dicen que es necesario actuar, que ya estamos llegando tarde. No hay margen para pensar que ya lo haremos, que ya conseguiremos una nueva tecnología que nos permita superar los problemas existentes... Ni negacionismo ni procrastinación. Es necesario actuar ya para conseguir que la curva de las emisiones comience a bajar cuanto antes y que esto haga posible atenuar el aumento de la temperatura.

El negacionismo es un problema, que puede parecer bastante superado, y el aplazamiento otro que todavía debemos superar, pero hay un tercero que casi ni tratamos: el crecimiento. Naciones Unidas habla de crecimiento cuando se plantea los Objetivos de Desarrollo Sostenible. Nuestros gobernantes, nuestras empresas, todavía hablan de crecimiento. Continuamos mirando el producto interior bruto (PIB) para ver si crecemos y crecemos a buen ritmo. Continuamos mirando las ventas trimestrales de automóviles como indicador de crecimiento y bienestar.

Seguramente buena parte de nuestra sociedad aún crea que crecer es positivo. No somos conscientes de que, lo queramos o no, vivimos en una sociedad de poscrecimiento. Según el economista Tim Jackson, «la riqueza a la que aspiramos ha sido comprada a un precio que no podemos pagar. El mito que nos sostenía nos está llevando a la perdición».[7] Es difícil definir mejor nuestra situación como sociedad global, que ha creído en el crecimiento como indicador de bienestar y no ha sido consciente del malestar que ha generado, que genera.

Tim Jackson reconoce la importancia que ha tenido el crecimiento económico. Ha sacado a millones de personas de la pobreza. A las personas que han sido suficientemente ricas y afortunadas les ha permitido, les permite, vivir con comodidades y lujos. Pero existe otra cara del crecimiento, que conocemos desde hace décadas pero que no asumimos. «La enorme explosión de actividad económica también ha desatado un caos sin precedentes en el mundo natural. Perdemos especies más rápido que en ningún otro momento de la historia humana. Los bosques se reducen sin cesar. Se pierden hábitats. Los terrenos agrícolas están amenazados por la expansión económica. La inestabilidad climática mina nuestra seguridad. Los incendios arrasan grandes extensiones de tierra, suben los niveles del mar...».[8] El crecimiento es el causante de lo mejor y de lo peor. No podemos quedarnos solo con los bienes y hacer como si los males no existieran. Estos daños constituyen hoy una grave amenaza para la vida en nuestro planeta. Conviene leer a Jackson, un economista que nos ayuda a entender la economía, el mundo en el que vivimos y aquel en el que querríamos vivir. También a Kate Raworth y su *Economía rosquilla*.[9]

Debemos asumir la realidad del poscrecimiento, la realidad que hemos vivido valorando positivamente unas formas de hacer (producir, consumir, relacionarse...) muy negativas. La realidad de que el PIB no es un indicador para saber si podemos tener una buena vida. La realidad que se puede vivir sin el crecimiento que conocemos y que nos ha obsesionado. Debemos tomar conciencia y asumir que viviremos mejor si decidimos no guiarnos por unos determinados modelos de crecimiento, como hemos hecho

---

7 T. Jackson, *Postcreixement. La vida després del capitalisme,* Barcelona, Arcàdia, 2022, p. 25. Traducción propia.

8 *Ibid.*

9 K. Raworth, *Economía rosquilla,* Barcelona, Paidós, 2018.

hasta ahora. «El final del crecimiento no es el final del progreso social»,[10] escribe Jackson. Si conseguimos asumir la realidad del poscrecimiento se abren grandes posibilidades para desarrollar una buena vida, una vida mejor. Una vida que no confunda crecimiento con progreso y prosperidad.

Principio de sostenibilidad

En 1987 la Comisión Brundtland de las Naciones Unidas definió el concepto *sostenibilidad* de la siguiente manera: «Satisfacer las necesidades del presente sin comprometer la habilidad de las futuras generaciones de satisfacer sus necesidades propias». Era una definición centrada en la reivindicación ecologista y con el conocimiento científico que desde finales de los años sesenta y principios de los setenta del siglo pasado ya se tenía.

En 2015, cuando finalizó el período de actuación de los Objetivos del Milenio de Naciones Unidas, establecidos en el cambio de siglo y de milenio, la ONU planteó la Agenda 2030 para el Desarrollo Sostenible. A partir de entonces se empezó a popularizar el concepto «Objetivos de Desarrollo Sostenible». El concepto de «sostenibilidad» presentaba una nueva concepción, siguiendo la anterior pero más amplia. Según la Asamblea General de la ONU se presenta de la siguiente manera: «Además de poner fin a la pobreza en el mundo, los ODS incluyen, entre otros puntos, erradicar el hambre y lograr la seguridad alimentaria; garantizar una vida sana y una educación de calidad; lograr la igualdad de género; asegurar el acceso al agua y la energía; promover el crecimiento económico sostenido; adoptar medidas urgentes contra el cambio climático; promover la paz y facilitar el acceso a la justicia».[11]

10 T. Jackson, *Postcreixement, op. cit.*, p. 26. Traducción propia.

11 Disponible en https://www.un.org/sustainabledevelopment/es/2015/09/la-asamblea-general-adopta-la-agenda-2030-para-el-desarrollo-sostenible/ [acceso el 3/06/2024].

Hay dos realidades de gran relevancia que nos deberían animar a pensar en la necesidad de incorporar un nuevo principio en la bioética: el principio de sostenibilidad. El principio de sostenibilidad puede ser una gran aportación para el análisis, la reflexión y la propuesta en el ámbito de la bioética. Las necesidades que existen hoy para la vida en el presente y en el futuro del planeta obligan a incorporar la sostenibilidad. El uso de este concepto y su popularización gracias a la actuación de la ONU facilitan su incorporación. La necesidad y la popularización son las dos realidades que nos deben animar a pensar en la incorporación del principio de sostenibilidad.

No obstante, conviene tener muy presentes dos dificultades, como mínimo, para esta incorporación de un nuevo principio. De entrada, las resistencias que el concepto de «sostenibilidad» genera en nombre del mantenimiento de lo existente, de la normalidad de la que hablábamos. La segunda dificultad, cuando se consigue que un concepto de estas características se popularice y tenga amplios apoyos lo que acostumbra a pasar es que se cambian las palabras para adaptarse a la novedad deseada, si bien los hechos y los comportamientos se mantienen. Es decir, defendemos la sostenibilidad sin que eso se traduzca en los cambios coherentes que implicaría. Grandes necesidades y grandes retos. La historia de la bioética, como la de la humanidad, entra en una nueva fase en la que los peligros existentes para la vida nos deberían obligar a tomar decisiones que hasta ahora hemos postergado.

Ética de, en y para la salud pública

Andreu Segura Benedicto

La ética *de* la salud pública, según Gostin, «se ocupa de las dimensiones éticas del profesionalismo y la confianza moral que la sociedad deposita en los profesionales de la salud pública para actuar en pro del bien común»,[1] aunque el autor también menciona una ética *en* la salud pública entendida como la aplicación de los criterios y valores morales a la práctica salubrista, particularmente a las intervenciones en este ámbito. Además propone una ética *para* la salud pública, aquella que tiene como misión la promoción de la salud comunitaria.

Un planteamiento teórico, de naturaleza académica y propósito benéfico, que hace suya la definición de «salud pública» del Institut of Medicine al considerar esta como aquello que la sociedad lleva a cabo colectivamente para garantizar en lo posible la salud de la gente.[2] De este modo, puede considerarse que la salud pública tiene como misiones promover la salud y prevenir la enfermedad mediante el desarrollo de tres funciones nucleares: ensamblar y analizar las necesidades de salud de la comunidad; desarrollar políticas basadas en el conocimiento científico y garantizar la provisión de los servicios necesarios para ello.[3]

1 L.O. Gostin, «Public Health, Ethics, and Human Rights. A Tribute to the late Jonathan Mann», *Journal of Law, Medicine & Ethics* 29 (2001), pp. 121-130.

2 Institute of Medicine, *The Future of Public Health,* Washington, DC, National Academics Press US, 1988.

3 CDC Public Health Essential Services 2020. Disponible en https://www.cdc.gov/publichealthgateway/publichealthservices/essentialhealthservices.html [acceso el 3/06/2024].

Una definición estimulante que, sin embargo, puede enmascarar el papel de la salud pública como instrumento del poder ejecutivo en los Estados nacionales. Un papel cuyos antecedentes remotos serían los funcionarios de los puertos marítimos de las *polis* griegas y, aún más, los inspectores responsables del abastecimiento de agua y de alimentos en la populosa Roma, aunque el establecimiento de las cuarentenas por parte de los gobiernos municipales durante la epidemia de peste bubónica de mediados del siglo XIV les proporcionara una carta de naturaleza explícita.

Precursores de la asunción por parte de los poderes políticos de cierta responsabilidad sobre la salud de la población, súbditos o ciudadanos. Un compromiso que se consolidaría durante la Revolución Industrial, liderada por una burguesía objetivamente interesada en la productividad económica, en la acumulación de recursos y en el desarrollo del capitalismo como motor del progreso social y, desde luego, fuente de riqueza para las clases dominantes.

Un provecho o una utilidad que generaba en buena parte el proletariado urbano procedente del éxodo rural, cuyas condiciones de vida limitaban notoriamente el rendimiento laboral, unas condiciones lamentables desde muchos puntos de vista, incluida la higiene. De modo que la mejora de las condiciones de vida de los asalariados no solo representaba una cuestión de justicia —como denunciaba Engels—,[4] sino también de salud —como remarcaba Chadwick—,[5] una empresa que mediante la promulgación de la ley inglesa de Salud Pública de 1848 se oficializó consolidando iniciativas anteriores.

La reivindicación de la responsabilidad de las administraciones públicas en la protección colectiva de la salud comunitaria había sido un elemento destacado del despotismo ilustrado, cuya influencia sobre el movimiento higienista fue considerable. Val-

4 F. Engels, *La situación de la clase obrera en Inglaterra,* Madrid, Júcar, 1980.

5 E. Chadwick, «Report on the Sanitary Condition of the Labouring Population of Great Britain», 1842. Disponible en https://www.parliament.uk/about/living-heritage/transformingsociety/livinglearning/coll-9-health1/health-02/ [acceso el 3/06/2024].

gan como ejemplo frases tan contundentes como: «la miseria es la madre de todas las enfermedades»,[6] de Johann Peter Frank, o «la medicina [...] no es más que la política en su sentido más amplio»,[7] de Rudolf Virchow.

No en vano, el ámbito principal de actuación de la salud pública era gubernativo, lo que puede considerarse un ejemplo de biopolítica, la utilización de características biológicas y sanitarias como elementos constitutivos de la administración del Estado, del Poder Ejecutivo. Características que el desarrollo académico y científico de las disciplinas nucleares de la salud pública como la epidemiología y la bioestadística —junto con muchas otras— a la vez que incrementaba su prestigio epistemológico contribuía a enmascarar sus responsabilidades administrativas; una confusión que ha facilitado el deterioro y la precarización de los recursos destinados a la salud pública.

Insuficiencias que la pandemia de COVID-19 ha puesto en evidencia. Sobre todo desde la perspectiva gubernamental, pero también desde la más científico-académica y profesional. Porque si bien la responsabilidad de la respuesta ha correspondido, como es lógico y adecuado, a los organismos legitimados para dirigirla, las autoridades políticas, el asesoramiento científico-técnico con el que racionalizar los aspectos susceptibles de un abordaje experto ha sido asumido preferentemente por profesionales clínicos, virólogos o incluso algunos autodenominados «epidemiólogos clínicos», sin una dirección y un liderazgo claros de la salud pública, que es la que, al menos en teoría, es la que ha desarrollado los criterios, métodos y procedimientos para identificar, valorar y cuantificar el impacto y la previsible evolución de problemas de salud de naturaleza colectiva y, sobre todo, de carácter epidémico.

6 E. Lesky, «Introducción al discurso académico de Johann Peter Frank sobre la miseria del pueblo como madre de las enfermedades (Pavia, 1790)», en *id., Estudios y testimonios históricos. Selección de Erna Lesky,* Madrid, Ministerio de Sanidad y Consumo, 1984, pp. 133-152.

7 H. Waitzkin, «Un siglo y medio de olvidos y redescubrimientos: las perdurables contribuciones de Virchow a la medicina social», *Medicina Social* 1/1 (2006), pp. 5-10.

Limitaciones que han afectado también a la faceta más operativa de la salud pública, los dispositivos de vigilancia epidemiológica y de protección colectiva de la salud comunitaria de las diversas administraciones públicas responsables. La escasez de recursos tanto físicos como personales capaces de efectuar y de supervisar la calidad de los datos con los que elaborar los indicadores epidemiológicos orientativos, de llevar a cabo puntualmente actividades de detección de casos —lo que ahora llaman «rastreo»— o, todavía más importante, de modular sensatamente la aplicación de las medidas no farmacológicas de prevención y control.

Unas prácticas que han podido resultar inequitativas e ineficientes y, lo que es peor, con un carácter tan drástico que además de las intrusiones e interferencias en algunos aspectos esenciales de la cotidianidad —que probablemente hubieran podido aplicarse de modo más flexible y comprensible— han tenido consecuencias indeseables sobre la salud que se trataba de proteger. Perjuicios que no son ajenos a la precariedad de los dispositivos de la salud pública gubernativa.

Todo lo cual pone de manifiesto la pertinencia de la perspectiva ética en la salud pública. Una perspectiva ética que no se ha ido incorporando a la práctica profesional y a la formación académica de los salubristas hasta hace bien poco. Bastante después de la aparición de la bioética. Y eso a pesar de que los primeros pasos del desarrollo operativo de la bioética tuvieran relación —lamentablemente desafortunada— con la salud pública a raíz del denominado «episodio o experimento Tuskegee», que, por cierto, fue una iniciativa de los servicios de Salud Pública del gobierno federal.

Y a pesar también de que los antecedentes remotos de la ética y de la salud pública fueran comunes. Aunque todavía hay quien hoy la confunde con la sanidad financiada públicamente, los mejor informados la identifican como una pequeña parte de la sanidad pública, responsable de la protección y la promoción de la salud colectivas. Características de la salud pública contemporánea.

Pero es verosímil que la salud pública surgiera en el Neolítico —sin relación directa con la medicina— porque la subsistencia de las ciudades como populosos asentamientos humanos requeriría imprescindiblemente un programa mínimo de saneamiento: abastecimiento de agua potable, almacenamiento y conservación de alimentos, algún procedimiento de evacuación de residuos y de inhumación de cadáveres. El núcleo de la protección colectiva de la salud comunitaria. Una de las bases de la salud pública, que tenía más que ver con la supervivencia que con las enfermedades.

Pero para que las ciudades persistan es necesaria otra peculiaridad, que es la aceptación —explícita primero y tal vez solo tácita después— del vecindario, una actitud que, además, debe generar una cohesión social suficiente; lo que supone fomentar aquellas costumbres que resulten apropiadas para la supervivencia del colectivo e impedir, o por lo menos dificultar, las que la pongan en peligro. Y para promover algo que, mejor que valorarlo como bueno y como malo, sería aquello que conviene evitar. Juicios de valor cuya naturaleza evoca la cualificación moral. Por cierto, «costumbre» en latín era *mos-moris* y en griego *ethos*. Precisamente los étimos de moral y ética.[8]

Así que salud pública y ética tal vez nacieron al mismo tiempo, con el inicio de la urbanización: las ciudades del Creciente Fértil de hace unos diez mil años. Asentamientos que en la Grecia clásica se llamarán *polis* y en latín *civis*. Antecedentes de política y civismo que remiten a la cohesión social como elemento esencial del desarrollo humano.

Una cohesión social que no nace espontáneamente a pesar de la naturaleza de la especie humana biológicamente social. Porque resulta mucho más compleja la convivencia entre centenares o miles de seres humanos que la de las decenas que constituían las bandas y los clanes paleolíticos. Una convivencia que probablemente se mantiene gracias, entre otros motivos, al fo-

8 J.R. Repullo y A. Segura, «Salud pública y sostenibilidad de los sistemas públicos de salud», *Revista Española de Salud Pública* 80/5 (2006), pp. 475-482.

mento de las «buenas» costumbres y al repudio de los «malos» hábitos, es decir, a la valoración moral de las actitudes y las acciones.

Lo que hace todavía más sorprendente el poco interés de la salud pública por la ética durante tantos siglos. Ni siquiera por parte del utilitarismo que propugnaron Jeremy Bentham y John Stuart Mill. Aunque algunos destacados higienistas como Edwin Chadwick abrazaran explícitamente tal doctrina. La naturaleza consecuencialista y el ámbito colectivo de aplicación del utilitarismo facilitaban al menos una adhesión tácita.

El utilitarismo surge en un momento de la historia —de la historia occidental— cuando el compromiso político para la protección colectiva de la salud de la ciudadanía se está consolidando definitivamente —bueno, al menos hasta ahora—. Que es lo que se propone la promulgación de la Ley de Salud Pública en 1848, mientras Londres padecía, como muchas otras ciudades europeas, una nueva ola epidémica de cólera.

Epidemia que auspició la fundación de la Sociedad de Epidemiología de Londres, que se convirtió en el instrumento científico-técnico de la salud pública gubernamental cuya aplicación comportó la racionalización de las medidas de protección de la salud colectiva. Una institución gubernativa cuya distribución territorial en España abarcaba la Administración General del Estado desde la Dirección General de Sanidad citada, las jefaturas provinciales y las demarcaciones periféricas que más o menos se correspondían con los ámbitos municipales, de hecho con los denominados «partidos» médicos, farmacéuticos y veterinarios, los cuales se convertirían en funcionarios sanitarios locales. Una organización territorial que la mayoría de comunidades autónomas españolas ha mantenido con ligeras variaciones.

Pero ¿cuál es la relación de la salud pública con la bioética? Está documentado el empleo del neologismo «bioética» por primera vez en un artículo publicado en alemán en 1927.[9] Una aportación que las circunstancias históricas enmascararon. De

9 F. Jahr, «Bio-Ethik: Eine Umschau über die ethischen Beziehungen des Menschen zu Tier und Pflanze», 1927 [Bio-ética: una perspectiva de la relación ética de los

modo que no sería hasta los años setenta cuando se recrearía de nuevo el concepto. Más precisamente, la denominación.

Porque el concepto del bioquímico Potter se refería a la ciencia de la supervivencia que amplió en su libro de 1971[10] al interpretarla como un puente que comunicara la ética y la biología de modo que pudiéramos —la especie humana— afrontar las amenazas ambientales derivadas del progreso técnico. Lo que entre otros había propuesto Rachel Carson en su *Primavera silenciosa,*[11] publicado en 1962, o Lynn White[12] en 1967. Es probable que las proposiciones de Potter tuvieran una mayor resonancia con motivo de la publicación por Jane Heller de una breve noticia en *The New York Times* el 26 de julio de 1972 titulada «Víctimas de la sífilis en USA sin tratamiento durante 40 años», que desencadenó un considerable escándalo como consecuencia del cual se promulgaría una legislación que garantizara la dignidad de los sujetos humanos de experimentación científica y estudios médicos.

Legislación promulgada el 12 de julio de 1974, que incluía la creación de una Comisión Nacional para la Protección de los Sujetos Humanos de Investigación Biomédica, que culminó en el Informe Belmont, que identifica tres principios fundamentales: el respeto a las personas, la beneficencia y la justicia. Y establece tres áreas principales de aplicación: el consentimiento informado, la evaluación de riesgos y beneficios y la selección de sujetos.

Por otro lado, la perspectiva utilitarista reveló pronto algunas insuficiencias importantes, relacionadas sobre todo con el criterio de justicia, como señalaría Rawls.[13] Limitaciones que la epi-

---

seres humanos con los animales y las plantas]. Traducción en español en *Aesthethika, Revista Internacional sobre Subjetividad, Política y Arte* 8/2 (2013), pp. 18-23.

10 V.R. Potter, «Bioethics, the Science of Survival», *Perspectives in Biology and Medicine* 14/1 (1970), pp. 127-153.

11 R. Carson, *Silent Spring,* Boston, Houghton Mifflin, 2002. [El original se publicó en la revista *New Yorker* en 1962].

12 L. White, «The Historical Roots of Our Ecological Crisis», *Science* 155 (1967), pp. 1203-1237.

13 P. Aguayo, «La crítica de Rawls al utilitarismo a la luz de las nociones de autorrespeto y reconocimiento recíproco», HYBRIS. *Revista de Filosofía* 7/1 (2016), pp. 129-150.

demia de sida acentuó, si cabe, lo que dio lugar a replantear la influencia que la perspectiva ética podría representar en la práctica sanitaria, particularmente en la salud pública. De ahí las distintas consideraciones sobre los requisitos éticos que conviene que respeten las iniciativas, los programas y las intervenciones de las instituciones de la salud pública sobre la población.

El recurso a la ética a la hora de diseñar los programas y las intervenciones de la salud pública puede ser de utilidad para anticipar y prevenir en su caso eventuales conflictos morales entre los derechos individuales y el interés común y también a la hora de evaluar sus resultados y justificar su continuidad o no. Lo que vale también para las decisiones que se toman con el propósito de proteger la salud de la población, las cuales a menudo implican cierta tensión entre los beneficios y perjuicios potenciales de la aplicación del principio de precaución.[14] En este sentido, el protagonismo de las administraciones públicas en el contexto del llamado «Estado de bienestar» ha llevado a algunas de ellas a incorporar una nueva perspectiva, como la sugerida por Karen Jochelson en su reflexión sobre el papel gubernamental en salud pública, pasando de «niñera» a «azafata» y reivindicando la posición de auxiliar que desempeñan los tripulantes de cabina en los vuelos comerciales.

De ahí la denominación como *stewardship* del modelo propuesto por el Nuffield Council of Bioethics, que ha sido adoptado por el Instituto Nacional para la Salud y la Excelencia Clínica (NICE). Un modelo que se caracteriza por tratar de facilitar y convencer más que de obligar, en el que la proporcionalidad, la transparencia y la solidaridad cobran relevancia, sin olvidar la importancia de proteger de eventuales daños a terceros, la excepción que Mill aceptaba como obligación moral para modificar comportamientos o decisiones lesivas para el prójimo. Como ocurre por ejemplo con la iatrogenia, un problema de salud pú-

14 A. Stirling, «Risk, precaution and science: towards a more constructive policy debate. Talking point on the precautionary principle», EMBO *Rep* 8/4 (2007), pp. 309-315.

blica que puede beneficiarse también de la aplicación de la ética, en este caso de la ética de la ignorancia y de la incertidumbre.

Algunos autores como Ross Upshur[15] recomiendan observar cinco requisitos que todas las intervenciones de salud pública deberían respetar para garantizar la libertad individual y la justicia. El primero es la eficacia del programa o la intervención que se quiere desarrollar. Se debe disponer de suficiente información sobre las consecuencias benéficas de la intervención que se pretende o, al menos, de una razonable convicción de sus efectos positivos esperados. El segundo es el de la proporcionalidad. No conviene matar moscas a cañonazos porque los efectos colaterales pueden ser peores que los males que tratamos de evitar. El tercero es la necesidad. Porque, a veces, situaciones que para algunos son problemas para otros realmente no lo son —y estos otros acostumbran a ser los que se supone que los sufren—, algo que no es raro en los programas de cooperación internacional. Al cuarto lo denomina «el del menor estorbo», es decir, la interferencia mínima necesaria sobre la vida cotidiana de las personas y sus actividades normales. Y el último requisito es el deber de justificar la intervención: explicar razonable y comprensiblemente los motivos de cada una de las decisiones sobre las medidas preventivas instauradas, o sea, rendir cuentas.

Planteamiento esencialmente coincidente con la formulación de otra destacada salubrista y profesora de ética, Nancy Kass,[16] que insiste en la necesidad de que la protección de la salud sea el propósito genuino y principal de la actividad, incluso cuando ello implica renunciar a decisiones populistas que pueden tener consecuencias electoralistas. ¿Hasta qué punto las medidas adoptadas obedecen a uno u otro propósito? ¿Hasta qué punto es ético exagerar las recomendaciones para fomentar un miedo que estimule su cumplimiento? También insiste en que las

---

15 R.E.G. Upshur, «Principles for justification of Public Health intervention», *Canadian Journal of Public Health* 93 (2002), pp. 101-103.

16 N.E. Kass, «An ethics Framework for Public health», *American Journal of Public Health* 91/11 (2001), pp. 1776-1782.

intervenciones deben ser justas y no incrementar las desigualdades, que habitualmente las sufren los más pobres, que son los que menos alternativas tienen para evitar las molestias, los perjuicios o incluso los daños que pueden comportar las medidas preventivas. Por último, perjuicios y beneficios deben ser prudentemente equilibrados, como siempre han propuesto los maestros de la ética desde Aristóteles, para quien la prudencia era el valor o la virtud esencial, la justificación más sabia de una decisión ponderada.

Ética que, dada la hegemonía de las profesiones sanitarias —particularmente la medicina— en el ámbito de la salud pública, iría introduciendo paulatinamente cierta perspectiva ética en la formación de los salubristas y en algunos contextos de la práctica profesional como la segunda versión de los principios de la práctica ética de la salud pública, editados por la Public Health Leadership Society, iniciativa de la Escuela de Salud Pública de Harvard.

La pandemia de COVID-19 ha supuesto una prueba de estrés auténtica —no un simulacro— para los precarios recursos de la salud pública del país. Particularmente para los servicios de las distintas administraciones públicas responsables de la protección colectiva de la salud comunitaria y de la vigilancia y el control de las enfermedades epidémicas. Unos dispositivos infradotados cuyas instalaciones y equipamientos, además de escasos, están, en muchos casos, obsoletos. Que cuentan con unos recursos humanos envejecidos y cuyas condiciones de trabajo acostumbran a ser vetustas. Lo que ha limitado el protagonismo que cabía esperar de la salud pública —particularmente de la salud pública como institución gubernamental— frente a un problema que cae de lleno en el genuino ámbito de aplicación de los criterios, los métodos y las intervenciones de la salud pública.

IV

RETOS DE LA PEDAGOGÍA DE LA BIOÉTICA

Retos de la pedagogía de la bioética

Introducción

JUAN PABLO BECA

El tema de los retos de la pedagogía de la bioética nos plantea una mirada desafiante sobre su aplicación, con proyección para el desarrollo de la bioética misma y de la medicina y las ciencias de la salud. El objetivo general para abordar este desafiante tema es analizar y compartir las dificultades y propuestas para mejorar la enseñanza y el aprendizaje de la bioética.

Lo habitual es abordar la cuestión de la enseñanza de la bioética con una mirada centrada en los programas a nivel de pregrado en las carreras de la salud y en especial en la carrera de medicina. El abordaje a este nivel es fundamentalmente teórico, afrontando los conceptos básicos, con poco o casi nada de desarrollo de competencias o de metodologías para analizar problemas. No hay duda de que son las bases de conocimiento y de sensibilidad para instancias posteriores de aprendizaje las que se ofrecen de manera muy variada en las distintas realidades. Se trata, desde esta perspectiva, de alternativas académicas de cursos a nivel de diplomados, maestrías y, en mucho menor número, de doctorados en bioética. Estas son alternativas para muy pocos profesionales, pero todos sin excepción necesitan tener sensibilidad o conciencia ética junto con conocimientos básicos que han de desarrollarse durante la experiencia laboral, cada uno en su profesión y especialidad, de acuerdo con la realidad de cada institución o lugar de trabajo.

Si bien la enseñanza de la bioética es necesaria e importante, lo primordial es el aprendizaje y la sensibilización que han de cultivar durante toda la vida profesional. De ahí la relevancia de desarrollar actividades de docencia y capacitación de manera continua y reiterada para todos los profesionales. Las alternativas en cuanto a objetivos y métodos para este propósito son muchas y las aportaciones que vienen a continuación las plantean de acuerdo con sus puntos de vista y sus experiencias concretas.

La responsabilidad de educar en bioética a los profesionales sanitarios recae en sus respectivas autoridades, en las universidades, en los Centros de Bioética de las universidades, en los Comités de Ética Asistencial y de la Investigación y en cada uno de los que nos dedicamos total o parcialmente a la bioética. Cabe destacar la responsabilidad en la enseñanza que tienen los comités de ética en cada institución, labor que lamentablemente se asume muy poco. Otra instancia de aprendizaje que se debe mencionar es la de los sistemas de consultoría ético-clínica que, al incluir a los profesionales tratantes en la deliberación de decisiones o recomendaciones compartidas, exige explicitar los fundamentos éticos de las mismas.

Por último, hay una importante dimensión social de la educación en bioética que es su proyección a la sociedad.[1] Es necesario contribuir activamente al aprendizaje social de que los temas y propuestas sobre problemas de salud requieren soluciones o propuestas con fundamentos tanto científicos y técnicos como éticos. Lo anterior incluye problemas personales o de nuestros seres queridos, y temas sociales tales como las materias sobre reproducción, intensidad de tratamientos, diferentes discriminaciones, formas de morir, eutanasia y diversos problemas de justicia de los sistemas de salud.

Los contenidos temáticos que cada profesional necesita aprender deben ser claramente precisados y deben estar directamente relacionados con su quehacer y con los problemas bioéticos que necesitan reconocer y enfrentar. Sobre esta base han de desarro-

1 Proyecto «Educación en bioética y deliberación democrática», PID2020-115522 RB-100, financiado por el Ministerio de Ciencia e Innovación de España y dirigido por la IP Lydia Feito.

llarse metodologías participativas y activas de aprendizaje, entre las cuales la deliberación ocupa un lugar preferente en cuanto que entrena capacidades de escucha, tolerancia y aprendizaje a partir de la comprensión de diferentes puntos de vista.

Educación en bioética y deliberación democrática

Un proyecto para la bioética y la ciudadanía

Lydia Feito Grande

La bioética aporta una visión sobre la dimensión humana de la medicina y las profesiones sanitarias en general. Desde sus orígenes, en los años setenta del siglo XX, la bioética viene planteando la necesidad de encontrar un espacio de integración entre los saberes humanísticos y científicos. Y se ha convertido en un lugar de reflexión sobre los valores que son fundamentales en la tarea sanitaria. Pero, además, la bioética excede el ámbito de la ética profesional, abriendo fructíferos análisis en relación con cómo afrontar los retos que nos plantea la sociedad contemporánea, desde el desarrollo tecnológico biomédico hasta la generación de espacios de diálogo para la resolución de conflictos con una dimensión más amplia de justicia social o de consecuencias para el futuro.

Sin embargo, es enorme la pluralidad de enfoques, metodologías y perspectivas existentes para la enseñanza de la bioética, lo que produce no solo una diversidad de aproximaciones, sino también un interrogante sobre el mejor modo de formar en esta disciplina. Son varias las preguntas que surgen ante esta cuestión y que es preciso abordar.

En primer lugar, existe una pregunta de fondo relativa a si es posible realmente enseñar valores, actitudes y comportamientos éticos. Esta cuestión, que viene planteándose desde tiempos antiguos en la ética, cobra ahora un nuevo vigor para afrontar los problemas contemporáneos. En la enseñanza se transmiten conocimientos, habilidades y actitudes. Los dos primeros pertenecen al dominio de la enseñanza y la formación más habituales, donde se han desarrollado estrategias didácticas variadas cuyo fin es el aprendizaje de índole cognitiva, en el primer caso, y el entrenamiento de las destrezas, en el segundo. Sin embargo, existen muchas más dificultades para afrontar el tercero de los elementos: las actitudes.

En lo que se refiere a la formación en bioética, esto tiene gran importancia por varias razones. En primer lugar, porque, como se ha indicado, hay una dificultad que radica en la propia naturaleza de lo que se quiere enseñar. Al hablar de valores y remitir estos a actitudes, la enseñanza no puede limitarse solo a la exposición de unos contenidos teóricos, sino que es necesario que se produzca en el discente un auténtico proceso de transformación personal, de convicción y compromiso con los valores que orientan las acciones. Esto supone la necesidad de una formación básica y también de un proceso continuado de aprendizaje a lo largo de la vida *(lifelong learning)*. En segundo lugar, porque ese interrogante acerca de cómo enseñar y cómo promover una sensibilidad ética está dirigido a enfatizar e impulsar una ética de la responsabilidad. El aprendizaje de la bioética tiene que ver con actitudes responsables en acciones que afectan a la vida de los individuos y las sociedades. Se inscriben así en un proceso de mejora continua y de generación de buenas prácticas profesionales.

A este interrogante se suman otros de carácter más pragmático, que se refieren al modo de realizar este proceso de enseñanza. Así, surge la pregunta sobre cómo enseñar bioética, cómo transmitir la disciplina teniendo en cuenta que las aproximaciones actuales no han conseguido unificar criterios y que, en la literatura y en los programas formativos existentes, se ha enfatizado, probablemente de modo excesivo, un planteamiento más cercano al profesionalismo, a la generación de unos patrones normativos relacionados con el ejercicio de las profesiones sociosanitarias y, por tanto, más cercano a los códigos deontológicos, sin insistir lo suficiente en la promoción de valores.

También se cuestiona cómo salvar el hiato existente entre los programas formativos y lo que se aprende en la práctica diaria, lo que se aprende del ejemplo, sin que forme parte de los objetivos docentes (el llamado «currículo oculto»), un conjunto de procedimientos y actitudes acostumbradas e incuestionadas, unas prácticas establecidas y unos lugares comunes que impregnan el modo habitual de trabajar y que las personas en formación perciben y asumen. A tenor de la bibliografía sobre la cuestión, desde hace bastante tiempo se indica que los programas de enseñanza de la bioética no logran representar una radical influencia en la modificación de las prácticas y, en buena medida, se atribuye este relativo fracaso, en el ámbito de la práctica clínica, al hecho de que es más influyente lo que se aprende del ejemplo que lo que se aprende en la teoría. Por eso parece esencial generar un trasfondo ético en el propio sistema sanitario.[1]

Para resolver estos interrogantes es esencial analizar cómo se están desarrollando los programas de formación en bioética, realizar un diagnóstico de la situación actual y describir cuáles son las dificultades en la enseñanza de la bioética. De modo general, todo el mundo está de acuerdo en que la formación en bioética es esencial. Muchos cursos o programas de bioética están orientados a la formación de los profesionales, tanto para mejorar la calidad asistencial desde la acción individual y en equipo, como para posibilitar la puesta en marcha y funcionamiento de los comités asistenciales de ética para la asesoría en la resolución de situaciones de conflicto. El objetivo es el desarrollo de una «nueva cultura» que ponga en cuestión algunos de los modelos antiguos ya obsoletos.

También es necesario plantearse cómo se puede lograr una mayor y mejor vinculación de la medicina y las actividades sanitarias con la sociedad, cómo se pueden integrar aspectos relativos a colectivos vulnerables o invisibilizados y cómo se puede incluir una perspectiva transcultural. Para lograr una auténtica humanización a través de la formación en bioética es preciso promover cambios a fin de resolver los obstáculos existentes. Así, es preciso analizar cómo se pueden implementar las propuestas de la bioé-

1 P.A. Singer, «Strengthening the role of ethics in medical education», *Journal of the Canadian Medical Association* 168/5 (2003), pp. 854-855.

tica en un sistema que no está preparado para ello y que encuentra dificultades para incorporar la dimensión social y para ser permeable a los cambios.

El proyecto «Educación en bioética y deliberación democrática»,[2] desarrollado en la Universidad Complutense de Madrid, pretende abordar estas cuestiones desde una situación privilegiada para la observación y el análisis, ya que el equipo investigador y el equipo de trabajo están compuestos por profesionales de Europa, Estados Unidos y Latinoamérica, con diferentes formaciones y perspectivas, aportando una visión multidisciplinar y, al mismo tiempo, trabajando desde el entorno interdisciplinar de la bioética.

El objetivo general de la investigación es describir y analizar cuáles son los programas, métodos y aproximaciones existentes, a nivel nacional e internacional, en la enseñanza de la bioética, para evaluar su idoneidad en cuanto al sentido propio de la disciplina que se pretende transmitir. Y también proponer un modelo adecuado, basado en la deliberación y, en concreto, en la deliberación con enfoque narrativo, que permitirá no solo una formación pertinente de los profesionales sociosanitarios, sino asimismo una ampliación de su espectro de influencia hacia el resto de los ciudadanos y la sociedad en general.

Esta es una cuestión fundamental: preguntarse no solo cuál es el mejor sistema para la enseñanza de la bioética, sino también si la formación en bioética puede alcanzar un objetivo más ambicioso, acercándose a un modelo más omniabarcante y reflexivo que trascienda los límites del mejor ejercicio de la medicina para llegar a promover valores de la ciudadanía. Se trata, así, de elaborar una propuesta de modelo que permitirá formar a los profesionales, pero también ampliar el objetivo de la bioética a la formación de la ciudadanía.

Se han dedicado ingentes esfuerzos a esta tarea metodológica, a la búsqueda de procedimientos de toma de decisiones que puedan servir para elegir el curso de acción más adecuado en

2 PID2020-115522 RB-I00, proyecto financiado por el Ministerio de Ciencia e Innovación de España y dirigido por la IP Lydia Feito.

cada caso, que puedan llevar los principios a su realización real teniendo en cuenta los valores, circunstancias y consecuencias propias de la situación, que puedan servir, insistimos, para tomar decisiones. Sin lugar a duda, en esta investigación afirmamos que la deliberación es el método más adecuado al ámbito de la ética. Y por ello exploramos la deliberación como método de enseñanza de la bioética, como herramienta aplicable en bioética clínica, pero también extrapolable a la bioética en general e, incluso, a la ética para la ciudadanía.

El método deliberativo es un procedimiento de resolución de problemas cuyo objetivo es conseguir un conocimiento más rico y más complejo a la hora de tomar una decisión. Es un método de ayuda en la toma de decisiones que busca que estas se tomen con prudencia y responsabilidad. No es un procedimiento mecánico. La deliberación requiere determinadas aptitudes como la capacidad de escucha de otros planteamientos y de otras interpretaciones; la capacidad para reconocer que otros puntos de vista pueden enriquecer la propia perspectiva y la capacidad de asunción de ciertos niveles de incertidumbre.

Todas estas capacidades son esenciales para la formación de los médicos y otros profesionales sociosanitarios, pero son también de enorme importancia en contextos sociopolíticos. Por ello se considera que deben ser objetivos prioritarios de la enseñanza de la bioética. El modelo deliberativo permite una educación en la prudencia, el diálogo y la acción responsable que resulta fundamental en entornos plurales y multiculturales como los de las sociedades contemporáneas.

La deliberación es un procedimiento intelectual. Consiste en razonar sobre los acontecimientos a fin de tomar decisiones responsables. Esas razones nunca agotan la realidad de la cosa, motivo por el cual son siempre revisables. Pero, además, en las decisiones humanas influyen muchos factores distintos de los puramente racionales. Así sucede, por ejemplo, con los valores. Todas las personas hacen valoraciones. Pero los valores no son estrictamente racionales; de hecho, dependen mucho de las emociones. Y lo mismo sucede con otros muchos factores: esperanzas, deseos, tradiciones, creencias, etc. Ninguno de ellos es estricta o completamente racional, pero todos han de ser razonables. En las opciones morales influyen todos esos factores decisivamente, razón por la cual han de ser tenidos en cuenta en el proceso deliberativo, cuyo objeto es ponderar su importancia y tomar a partir de ellos decisiones razonables, responsables y prudentes.

El mayor problema que tiene la deliberación es que no se trata de un procedimiento natural en el ser humano, sino moral. Es decir, es algo que requiere aprendizaje y entrenamiento, y supone tomar una opción a favor del diálogo y el entendimiento entre diferentes personas y convicciones, en ámbitos pluralistas. Por ello requiere ser analizado en su dimensión formativa.

De modo espontáneo, los seres humanos tienden a realizar afirmaciones apodícticas y, si es posible, a imponérselas a los demás. En la vida práctica, la mayoría de las personas tiene propensión a lo impositivo, no a lo deliberativo. De ahí que la deliberación resulte difícil y necesite desarrollarse a través de un proceso de capacitación, tanto desde el punto de vista metodológico como desde la perspectiva de las actitudes. Esta es su complejidad. No basta con aprender un método, sino que implica una cierta transformación de la persona en la medida en que adquiere una apertura ante la diversidad de perspectivas, una disposición al diálogo, una necesidad de completar el propio discurso y una toma de distancia del prejuicio para abrir el espacio a la reflexión ponderada. Es, por tanto, algo que se aprende y se entrena, que se educa y se promueve. Y, a la vista de los problemas complejos a los que hay que enfrentarse en diferentes entornos de la vida, conviene ensayarlo, difundirlo e introducirlo en la enseñanza, de modo que se genere una dinámica diferente, cuyas repercusiones son enormes en el ámbito profesional, social u otros.

Esto supone una recuperación del ideal socrático de la educación[3] como una forma de crecimiento personal, de desvela-

---

3 D. Gracia, «La enseñanza de la bioética en España. Un enfoque socrático», en VV.AA., *La bioética, lugar de encuentro,* Madrid, Asociación de Bioética Fundamental y Clínica, Zéneca-Farma, 1999, pp. 73-98.

miento de las capacidades que el individuo debe desarrollar por sí mismo, acompañado por el profesor, y en relación con otros miembros de la sociedad. Desde la afirmación de la propia limitación de la razón, que nunca puede saberlo todo. Frente a otras pedagogías más directivas, que utilizan un modelo de transmisión del saber, al modo de la clase magistral, la perspectiva deliberativa busca un modelo más constructivo, crítico, que considera el conocimiento como un proceso abierto e inacabado.

Para deliberar con otros es necesario, en primer lugar, ser capaz de reconocer que el propio punto de vista sobre un acontecimiento no es el único posible, y que además siempre tiene sesgos. Será imprescindible aquí, como pretende esta investigación, atender a un análisis y una clarificación conceptual, buscar precisión en el lenguaje y delimitar de modo riguroso qué implicaciones tienen los diversos modos de expresión. Por otra parte, la deliberación compartida o colectiva obliga a dar razones a los demás de las valoraciones propias. Esto supone y exige una mayor modestia en las pretensiones argumentativas y una actitud más receptiva ante las argumentaciones y valoraciones de los demás. Pero, además, permite tomar en consideración puntos de vista diferentes reconociendo la diversidad en todas sus formas. Se abre así la posibilidad de un diálogo atento a las diferencias de género, de cultura, de creencias, de capacidades, lo que supone un aprendizaje y un enriquecimiento. Una sociedad plural exige este planteamiento para afrontar la complejidad de los retos contemporáneos.

La deliberación promueve, genera y defiende un nuevo hábito mental, una actitud crítica, inquisitiva, de interrogación continua, en la que es preciso poner en comunicación diferentes perspectivas y aproximaciones desde la convicción de que el saber es abierto y dinámico. Esto supone abandonar las posturas dilemáticas en las que se simplifica la complejidad de las situaciones reales, tratando de establecer marcos dicotómicos para la toma de decisiones. Más bien, conviene a la deliberación una aproximación problemática en la que se analicen los valores y las preferencias que están en juego, que remiten a cosmovisiones y referentes plurales: construyendo ideas compartidas que siguen poniéndose a prueba a través de la argumentación; teniendo en cuenta aspectos de creencias o emociones, que también forman parte de la toma de decisiones de las personas; y fomentando la escucha mutua, el respeto, la consideración de la diversidad y la diferencia como elementos de riqueza. Así, la deliberación, como actitud y como método, es correlativa y acorde a la altura de los tiempos, al pluralismo de la sociedad y a la situación de incertidumbre en que nos movemos.

Las implicaciones educativas son enormes y esenciales. El sistema educativo sigue utilizando, en buena medida, modelos antiguos, concibiendo la formación de modo direccional, con unos contenidos establecidos que forman un corpus de conocimiento que ha de ser transmitido. Pero esto, con ser importante e imprescindible, no es suficiente. La educación debería retomar su planteamiento original, es decir, la creación de un espacio común de convivencia que permita que los ciudadanos compartan comunidades de valores y que se desarrollen y maduren de modo personal en esa interacción. Y para ello, la deliberación se muestra como una herramienta principal, tanto por su capacidad para resolver los conflictos como por la actitud, abierta y dialogante, que subyace al procedimiento y que lo dota de legitimidad y sentido. Es necesario capacitar tanto a los alumnos como a los profesores en las herramientas metodológicas deliberativas.

Los modelos deliberativos, en su complejidad, representan mejor las actitudes a promover a través de la formación bioética. Así lo ha defendido Diego Gracia.[4] Con ello, además, se abre la posibilidad de generar espacios de diálogo que son pertinentes para la convivencia democrática. Esta es la propuesta de democracia deliberativa que defienden A. Gutmann y D. Thompson[5] y que inspira los trabajos de la Presidential Commission for the Study of Bioethical Issues. En su documento titulado «Bioethics

---

4 D. Gracia, «Teoría y práctica de la deliberación moral», en L. Feito, D. Gracia y M. Sánchez (eds.), *Bioética. El estado de la cuestión,* Madrid, Triacastela, 2011, pp. 101-154.

5 A. Gutmann y D. Thompson, *Why Deliberative Democracy?,* Princeton, NJ, Princeton University Press, 2004.

for every generation»[6] la comisión señala la importancia de la formación en bioética como algo que no solo es necesario para los profesionales médicos, sino que afecta a toda la ciudadanía y que debe darse a todos los niveles y en un proceso intergeneracional. Desde su perspectiva, las cuestiones relativas a la salud y a los valores que se incorporan en la toma de decisiones que afectan a la vida hacen referencia a elementos centrales de lo que significa participar en la democracia. Por eso es imprescindible una deliberación razonada y cuidadosa que permita la comprensión de esos valores. Afirman que la deliberación y la educación están unidas en un «círculo virtuoso», reforzándose mutuamente para crear una sociedad más democrática y más justa.

El estudio y la profundización en la propuesta de esta comisión es una clave esencial para este proyecto de investigación. La democracia deliberativa constituye un proceso que sirve a propósitos instrumentales, pero también expresivos, ya que a través de ella se puede asegurar que las decisiones están basadas en hechos relevantes, sujetas a juicios razonados y que sirven al propósito de alcanzar mejores resultados. Al introducir la idea del respeto mutuo y el diálogo se puede afirmar que los consensos logrados son de mayor calidad, ya que en este proceso deliberativo se aportan razones morales que son accesibles para todos y que resultan revisables en el tiempo.

El ambicioso proyecto de la bioética supone por tanto un cambio para posibilitar una ética profesional, pero va mucho más allá, convirtiéndose en una ética civil. Abre así el espacio de la ciudadanía democrática. La consideración de los temas bioéticos desde un proceso deliberativo está en el núcleo de esa convivencia en democracia, pues hace referencia a la resolución de los desacuerdos a través de procesos de diálogo. Como indica la comisión, la deliberación democrática y la educación ética se com-

6 Presidential Commission for the Study of Bioethical Issues, «Bioethics for every generation. Deliberation and Education in Health, Science and Technology», Washington, DC, 2016. Disponible en https://bioethicsarchive.georgetown.edu/pcsbi/node/5678.html [acceso el 3/06/2024].

plementan la una a la otra, elevando el nivel del discurso sobre preocupaciones complejas.

Pero la deliberación tiene también un componente narrativo[7] que es preciso desarrollar y que está presente tanto en el momento valorativo y normativo como en el aplicado. La ética se refiere a los muchos modos de ser humano que se hacen evidentes, de modo directo o contradictoriamente, a través de las historias. Las historias no nos dicen qué debemos hacer, no son reglas, sino horizontes para la comprensión. Los relatos abren lo que la cultura y la sociedad cierran u ocultan. Pensar éticamente significa pensar de un modo diferente, y esta es la principal contribución de las narraciones. Solo pensando que las cosas se pueden hacer de modo diferente es posible cambiar el modo en que suelen ser las cosas.

Lo narrativo no solo puede ayudar a acercarnos a determinados contenidos, desarrollando así una función pedagógica, o contribuir a ampliar nuestra experiencia a través de las historias, sino que, gracias a este enfoque, también podemos comprender el discurso, analizando el lenguaje y sus compromisos, desentrañando las claves de interpretación y desvelando las tramas en que se inscriben los valores, lo que resulta esencial para tomar decisiones responsables y prudentes. La narración es fundamental para la construcción del juicio moral, para la toma de decisiones. Por eso resulta necesario explorar este campo a fin de indagar en su potencial como elemento educativo en bioética.

En la aplicación del método deliberativo no se trata de enseñar juicios ya hechos, sino de aprender a formar los juicios, a construirlos, en procesos abiertos de reflexión con uno mismo y con los demás. La deliberación es un proceso de construcción ética y en ella tiene un papel fundamental la narración. La investigación sobre un enfoque narrativo y deliberativo, como propuesta de modelo de la enseñanza de la bioética, se constituye así como un elemento necesario que aporta esta investigación para ir más allá de las perspectivas tradicionales que circunscriben la

7 L. Feito y T. Domingo, *Bioética narrativa,* Madrid, Escolar y Mayo, 2013.

formación en bioética a la exposición de temas, sin insistir suficientemente en la adquisición de competencias que son, sin embargo, fundamentales para la ética.

Como se ha indicado, todo esto supone también explorar la solvencia de este modelo deliberativo y narrativo no solo para la enseñanza de la bioética para los profesionales sociosanitarios, sino, en general, para toda la ciudadanía. Analizando las posibilidades de desarrollo de competencias basadas en el diálogo, la apertura a las diferentes perspectivas y la resolución de conflictos por la vía de la deliberación narrativa se identifican actitudes que son muy convenientes para la construcción de una ética civil. Se evitan, por ejemplo, posiciones polarizadas, en las cuales se plantea un enfoque dicotómico y simplista que imposibilita el análisis crítico y la búsqueda de acuerdos. También se dinamizan los procesos de toma de decisiones y se vehiculan los intereses de los colectivos implicados, teniendo en cuenta todas las perspectivas. Con todo ello se logra extender su potencial educativo más allá del contexto biomédico hacia la formación de los ciudadanos en el entorno de democracias deliberativas, lo cual contribuye a una mejora de la sociedad del futuro.

Construyendo valores

Dejar un mundo mejor que el que recibimos

JAVIER JÚDEZ GUTIÉRREZ

Telos de la bioética y su pedagogía

Cuando nos planteamos retos para la pedagogía de la bioética a la altura actual del siglo XXI tenemos que clarificar qué *telos* asignamos a esa bioética, qué formación y de qué profesionales. ¿Es para la bioética como «disciplina», como planteaba Daniel Callahan?[1] ¿Para la bioética como qué tipo de disciplina, de segundo orden, como propone Loreta Kopelman,[2] o como «discurso público»? ¿Para la bioética como ámbito académico a transmitir mediante procesos de formación para profesionales[3] o para la bioética para ejercer como consultor de ética clínica en la ayuda a la toma de decisiones ante problemas morales que surgen en la asistencia y en la práctica clínica?

Personalmente, tras más de treinta años de formación médica y en bioética, me parece que se puede parafrasear a James Carville[4] para decir, provocativamente, que, a la postre, «¡es la mejora de la salud y la muerte, estúpido!». Por eso debemos evitar la

1 D. Callahan, «Bioethics as discipline», *Studies Hastings Center* 1/1 (1973), pp. 66-73.

2 L.M. Kopelman, «Bioethics as Public Discourse and Second-Order Discipline», *The Journal of Medicine and Philosophy* 34/3 (2009), pp. 261-273.

3 Asociación de Bioética Fundamental y Clínica, *La educación en bioética de los profesionales sanitarios en España. Una propuesta organizativa,* Madrid, Asociación de Bioética Fundamental y Clínica, 1999. Y proyecto «Educación en bioética y deliberación democrática», PID2020-115522 RB-100, financiado por el Ministerio de Ciencia e Innovación de España y dirigido por la IP Lydia Feito.

4 Asesor económico de Bill Clinton, en campaña presidencial que modeló bajo el lema: «¡Es la economía, estúpido!» para oponerse a George Bush.

hoguera de las vanidades y de nuestras preocupaciones egoístas de nicho. Porque *la* bioética no es propiedad de nadie y tiene diferentes sensibilidades, como una multipropiedad o una propiedad horizontal: es una materia a enseñar, un conjunto de habilidades a instruir, una herramienta frente a una realidad problemática ante la que deliberar una decisión o en la que uno aspira a construir valores que mejoren lo que hemos recibido. Una manera que me parece adecuada para conciliar esta realidad prismática es la que promueven los gurús de la calidad sanitaria, como Donald Berwick, en torno al *sense-making*[5] de las instituciones sociosanitarias y la formación de sus profesionales.

Toda empresa, empeño, quehacer o proyecto del ser humano, individual o colectivamente, para preservar su sentido precisa siempre de la combinación de la práctica del presente, el legado del pasado y la previsión, en lo posible, de los desafíos del futuro. Pero, con la cita histórica de Goethe, debemos asumir que «saber no es suficiente; debemos aplicar. Estar dispuestos (querer) no es suficiente; debemos hacer». La pedagogía de la bioética será tanto más afinada cuanto mejor ayude a aplicar y a hacer (resultados), no tanto a saber o querer (precondiciones).

Para recorrer el trecho entre el dicho y el hecho a veces tendremos que prestar atención a detalles (como cuando observamos con una lupa de aumento o un microscopio), sin perder mientras tanto la perspectiva del contexto (como cuando miramos al horizonte con prismáticos o al cielo con un telescopio). Por tanto, más allá de la exploración «a la vista», metaenfoques y más allá de las herramientas cotidianas, metaherramientas para realizar esta exploración con *zoom in* (detalle) o *zoom out* (contexto).

Mi reflexión sobre los retos de la pedagogía de la bioética se apoya en la visión de Diego Gracia en torno a la naturaleza proyectiva del ser humano (individual y colectivamente) que le impele a transformar el medio (recursos) en posibilidades (decisio-

5 D.M. Berwick, *Escape Fire. Designs for the Future of Health Care*, Hoboken, NJ, Jossey-Bass, 2003.

nes) para generar valor (o disvalor).[6] Es, pues, el reto de que la bioética sea genuina sobre este fin de construir valores, dejando un mundo mejor del que recibimos. Es justo para esta tarea para la que la educación es imprescindible, pues es el medio mediante el cual cada individuo, cada sociedad, en cada tiempo, actualiza el legado cultural recibido: de individuos, instituciones y sociedades precedentes. No basta con transmitir el conocimiento, con mostrar cómo. Hay que promover el buen hacer. De ahí que la bioética deba medirse no solo o tanto por la capacitación teórica de los profesionales que la abrazan, sino por ser un recurso para que estos sean mejores profesionales y con su buen hacer construyan valores que dejen un mundo mejor que el que recibieron.

Un gran número de circunstancias en la vida y eventos que nos condicionan no lo elegimos voluntariamente. No elegimos prácticamente ninguna de las cuestiones de salud y enfermedad más allá de que esté en nuestra mano adoptar estilos de vida razonablemente saludables, lo que en gran medida es, también, una cuestión educativa.

Afrontar esta realidad requiere tres momentos, que Ignacio Ellacuría resumió inspirado por el pensamiento de Xavier Zubiri: un momento noético, apoyado en la inteligencia para «hacerse cargo» de la realidad; un momento ético, apoyado en la compasión entendida como disposición a afectarse por el sufrimiento de otro y querer hacer algo para mejorarlo, aliviarlo y/o acompañarlo, para «cargar» con la realidad; un momento práctico, apoyado en el compromiso y la voluntad, para «encargarse» de la realidad. Estos tres momentos traslucen, en suma, una actitud samaritana ante nuestro desempeño en el mundo que nos toca vivir. La actitud ciudadana necesaria para un mundo y unos seres humanos, necesitados de cuidados: una actitud ciudadana a promover en la educación de los profesionales.

La educación para los profesionales que atienden cuestiones de salud y enfermedad debe fomentar una profesionalidad dispuesta a generar conocimiento y prestar atención (servicios) para resolver los problemas que impiden a las personas adaptarse a su

6 D. Gracia, *Construyendo valores,* Madrid, Triacastela, 2013.

realidad y autogestionar su proyecto de vida.[7] Una definición de la salud mucho más experiencial y adaptada al siglo XXI que la clásica desarrollista de la OMS de 1948.

La construcción y preservación de este valor-salud se articula en tres ámbitos,[8] que pueden visualizarse en lo que sería una «pirámide de la asistencia sanitaria», micro (de relaciones clínicas), meso (de trabajo en equipo para prestar servicios) y macro (valores sociales de estados sociales y de derecho, con ciudadanos autónomos que necesitan apoyos para afrontar sus limitaciones funcionales).

Proyectos innovadores de bioética: promover un mejor desempeño

Con este horizonte he tenido el privilegio de desarrollar proyectos verdaderamente innovadores de formación en bioética desde el último lustro del siglo XX y la primera década del siglo XXI. Proyectos desarrollados en el marco institucional de la Fundación de Ciencias de la Salud, bajo el liderazgo de Diego Gracia, y de los constituidos Comités de Ética Asistencial (CEA) o de investigación. Iniciativas entretejidas entre sí, de Comunicación y Salud (1999-2003),[9] habilidades de comunicación para abordar problemas de drogas en atención primaria (2002-2005),[10] bioética para clínicos (1999-2005)[11] y Comunicación y Salud-Hospitales (2003-2005). Concebidas para ofrecer conocimientos, habilidades, actitudes y herramientas para mostrar cómo y fomentar el «buen hacer» (las buenas prácticas) a la hora de afrontar la actividad asistencial, espe-

7 M. Huber, J.A. Knottnerus, L. Green, H. van der Horst, A.R. Jadad, D. Kromhout, B. Leonard, K. Lorig, M. I. Loureiro, J.W. van der Meer, P. Schnabel, R. Smith, C. van Weel y H. Smid, «How should we define health?», *BMJ* 343 (2011), pp. d4163.

8 J. Júdez y B. Ogando, *Bioética y dolor,* Badalona, EUROMEDICE, Edics. Médicas, 2007.

9 Eidon, «Comunicación y salud. Crónica del III Ateneo de Bioética», *Eidon* 4 (2000), pp. 76-79.

10 Eidon, «Programa de Formación y Consulta "Drogas y Atención Primaria"», *Eidon* 10 (2002), p. 10.

11 J. Júdez, «Punto y seguido. Balance de la experiencia del proyecto "Bioética para clínicos"», *Eidon* 20 (2006), pp. 75-78.

cialmente centrada en relaciones clínicas en las que se requiere formación en comunicación clínica y en deliberación ética. Con una aportación pionera y sin precedentes en volumen de material audiovisual elaborado con grabaciones con pacientes simulados. Siendo motor e inspiración de iniciativas de formación de formadores en Bioética 4×4 y su versión posterior, «Aprender a Enseñar»,[12] que lleva celebrándose anualmente desde 2005.

El horizonte de fondo de estos proyectos innovadores partía de una visión de la formación de los profesionales concebida para el desarrollo continuo de habilidades que faciliten y promuevan el ejercicio de la práctica clínica aspirando a la excelencia. Desde esta visión de la profesionalidad se apostaba por fortalecer la relación clínica y mejorar la comunicación con el enfermo (su entorno y otros profesionales) con el fin de facilitar la deliberación y la toma de decisiones de calidad (indicación, preferencias, responsabilidad y deliberación), teniendo en cuenta hechos, valores y deberes.

Con estas iniciativas se aportaba valor a las labores de siembra que se habían iniciado en los recién impulsados CEA a comienzos de la década de 1990, a partir de las primeras promociones del máster en Bioética que lideró Diego Gracia desde su magisterio en la Universidad Complutense de Madrid, junto con el contrapunto del foro de deliberación y formación continuada iniciado en la Fundación de Ciencias de la Salud en esas fechas (fundada en 1991 y constituyendo su Instituto de Bioética en 1996).

Proyectos innovadores: tiempos de siembra, tiempos de (nuevas) cosechas

No todos los tiempos son propicios para cosechar según qué frutos. Ello requiere, eventualmente, distintos intentos cuando cambian algunas condiciones que pueden hacer propicio ahora lo que hace un tiempo resultaba prematuro. Esto ocurre especial-

12 Eidon, «Bioética 4×4», *Eidon* 18 (2005), p. 71. Actualmente, «Aprendiendo a Enseñar. Curso de Formación de Formadores en Bioética».

mente en la vida de las organizaciones, donde la innovación puede no «prender» a la primera.

Un ejemplo, relevante para los actuales retos de la pedagogía de la bioética es el de la consultoría ética como «interconsulta» entre profesionales, cómo se canalizan ante dudas clínicas. En 1994 se empezaron a constituir los primeros Comités de Ética Asistencial del Instituto Nacional de Salud (INSALUD), que entonces gestionaba la Sanidad de todas las Comunidades Autónomas (CC.AA.) que no la tenían transferida. En 2002 se completaron las transferencias sanitarias con las últimas 10 CC.AA.[13] En la década precedente se habían formado sucesivas promociones del máster en Bioética que pasaron a impulsar los CEAs en todo el Sistema Nacional de Salud de España. Pude vivir de primera mano esos años como secretario del Comité de Ética Asistencial acreditado en 1994 del Hospital General Universitario de Guadalajara. El grupo de impulsores bajo el liderazgo de Fernando Carballo, facultativo de dicho hospital y responsable de su Unidad de Investigación, parte de la Red de Unidades de Investigación (REUNI) de entonces, identificó, desde su constitución, que el trabajo «sin coste» y colegiado de los CEA debía complementarse con la ágil y clínica consultoría como servicio de algunos de los miembros del CEA con cualificación para ello (consultoría en ética clínica). No en oposición como modelos alternativos, sino en sinergia. Así lo promovimos en el primer Congreso Nacional de Bioética de entonces[14] y en alguna publicación subsiguiente.[15]

13 Real Decreto 1471-1480/2001, de 27 de diciembre, sobre traspaso a las Comunidades Autónomas de Aragón, Asturias, Cantabria, Castilla-La Mancha, Castilla y León, Extremadura, Illes Balears, La Rioja, Madrid y Murcia de las funciones y servicios del Instituto Nacional de Salud, *Boletín Oficial del Estado* [BOE] 72, de 28 de diciembre de 2001.

14 F. Carballo, F. García, A. López, F.J. Júdez, L. Feito *et al.*, «La bioética en el medio asistencial: ¿solo Comités? La experiencia del Grupo de Guadalajara», en VV. AA., *La bioética en la encrucijada. I Congreso Nacional,* Madrid, Asociación de Bioética Fundamental y Clínica, 1997, pp. 189-197.

15 F. Carballo, L. Feito y J. Júdez, «Los comités asistenciales de ética», en J.A. Gómez Rubí y R. Abizanda Campos (coords.), *Bioética y medicina intensiva. Dilemas éticos en el paciente crítico,* Barcelona, Edikamed, SEMICYUC, 1998, pp. 235-244.

Durante el citado período de proyectos innovadores en bioética de 1996-2005 tuve la oportunidad de realizar varias estancias con formación en metodologías innovadoras en bioética y educación médica, como por ejemplo la utilización de pacientes simulados y la existencia de Centros de Habilidades Clínicas en todos los campus universitarios norteamericanos, donde se formaba a los profesionales de la salud ya desde el grado. Recorrí varios campus en EE.UU. (Illinois, Pensilvania, Washington, DC, Texas) y Canadá (Ottawa, Toronto), participando en la formación de la Association of Standardized Patient Educators (ASPE) con su Congreso Inaugural en Ottawa en 2002. De estos foros y esas referencias, contactamos en la Fundación de Ciencias de la Salud con Francesc Borrell, que desempeñaría un relevante papel en los programas de Comunicación y Salud ya mencionados. No obstante, en un intento por tener proyectos más institucionalizados, en España sugerí a varias instituciones universitarias la creación de Centros de Habilidades Clínicas con iniciativas de cooperación público-privada. Tuvo que pasar una década para que, de la mano de la profusión de universidades privadas con formación en medicina (nuevos campus, más grados de libertad y deseos de innovación) y la popularización de las ECOE (Evaluaciones de la Competencia Objetiva Estructurada) en la formación en medicina se multiplicaran dichos centros y programas. Aun así, salvo excepciones, todavía no tienen la virtualidad y dimensión que en las universidades norteamericanas llevan desplegando los últimos 20 años.

No, no siempre la siembra fructifica a la primera, ni cuando da frutos son tan fecundos en unos sitios como en otros. Tuvo que llegar la pandemia y una cadena de maravillosos impulsos para que en el Hospital Universitario de La Princesa haya confluido un grupo de profesionales formados en bioética que, en torno al CEA (acreditado en 1994, como el de Guadalajara), hayan desarrollado, por fin, la «interconsulta» en ética clínica con disponibilidad 24/7,[16] con Julia Fernández Bueno como presi-

16 J.M. Galván Román, J. Fernández-Bueno, M.A. Sánchez González y D. Real de Asua, «Consultoría en ética clínica.Modelos europeos y nuevas propuestas en España», *Cuadernos de Bioética* 32/104 (2021), pp. 75-87.

denta del CEA y Diego Real de Asúa como el primer médico español en formarse como *Fellow* en Ética Clínica en Cornell... ¡y regresar a ejercer en España! La transformación de la capilaridad de la bioética en la actividad clínica presenta un antes y un después. Y ahora, este es un ejemplo visible, tangible a seguir, no solo un deseo, como el germinado en 1997 por el grupo de Guadalajara que, con los cambios de personas, no cristalizó.

Veamos un segundo ejemplo, aprovechando el privilegio de haber participado de otras iniciativas pioneras en el ámbito de la bioética. Por las mismas fechas del despliegue de los CEA y la bioética clínica, en 1997 publiqué un editorial en *Modern Geriatrics* sobre las llamadas *advance directives:*[17] tiempo de evaluarlas y adaptarlas. Como bioeticista atento a los temas del final de la vida, unos años después, cuando ya había empezado el furor legislativo en España, de corte «jurídico-administrativo» y no clínico, pude apoyarme en el trabajo desde la Red de Cuidados de Personas Mayores (RIMARED). Red de investigación en enfermería, liderada por Teresa Moreno, en el nodo de ética coordinaba Inés Barrio, que acogió la participación de dos médicos, Pablo Simón y yo. Desde esta plataforma, en 2004 y todavía en Madrid, me formé en el programa de referencia internacional en *Advance Care Planning* (ACP), el programa *Respecting Choices,* en LaCrosse, Wisconsin. De nuevo era una especie de pionero, siendo el primer español en completar esa capacitación, aunque luego me seguiría otro pionero de segunda ola, Iñaki Saralegui, con mejor suerte institucional. En otra estancia posterior, en 2007, fui testigo de las posibilidades de una institución con un programa de bioética incorporado a unos objetivos asistenciales y comunitarios definidos, desempeñando un papel destacable la labor de consultoría en ética clínica. Cuando se estaba posando el polvo de las iniciativas institucionales en este ámbito, una realidad tangible permitía identificar etapas en la adaptación de estas herra-

17 J. Júdez, «Directivas anticipadas: tiempo de evaluarlas y adaptarlas a nuestra realidad», *Modern Geriatrics* 9 (1997), pp. 247-248.

mientas en la realidad clínica,[18] a modo de versiones distintas de *software* mejorado.

Por desgracia, casi veinte años después convivimos con demasiada variabilidad en la promoción de buenas prácticas con modelos y enfoque muy 1.0 (de documentos registrados como ejercicio de un derecho). Viendo el vaso medio lleno, como fruto de esta siembra internacional del *Respecting Choices* surgió la Association of Advanced Care Planning and End-of-Life Care (ACPEL), por empeño del investigador que trasladó el programa de EE. UU. a Australia bajo la denominación de *Respecting Patient Choices,* esqueje del actual ACP Australia. En el congreso inaugural en Melbourne participé en 2010. Allí coincidí, virtualmente, de nuevo con Pablo Simón Lorda, que no consiguió llegar físicamente por la erupción del volcán islandés de ese año que canceló muchos vuelos. Ya en la Región de Murcia (desde 2005) desplegué una línea de investigación competitiva a partir de 2006, que cuando intenté consolidar institucionalmente hibernó en la orilla de un proyecto de calidad al cambiar el gobierno regional, quedándose a ralentí.[19] Han tenido que pasar algunos años para volver a la siembra, siendo los retos parecidos[20] casi veinte años después, pero con el aprendizaje adquirido que ha llevado a una reconceptualización que representa un nuevo enfoque cultural: la «Planificación Compartida de la Atención» (PCA). Esta apuesta, con buena acogida, ha dado pie a la constitución de una Asociación Española de PCA (AEPCA), donde predominan personas formadas en bioética. Esperemos que, ahora sí, la siembra dé frutos que contribuyan a orientar los retos actuales de la pedagogía de la bioética y a consolidar mayores proyectos institucionales, como la nueva siembra en la Región de Murcia, donde se concibe

18 I.M. Barrio Cantalejo, P. Simón Lorda y J. Júdez Gutiérrez, «De las voluntades anticipadas o instrucciones previas a la planificación anticipada de las decisiones», *Nure Investigación* 5 (2004), pp. 1-9.

19 L. Briggs, *To Know and Honor. Building a Culture of Person-Centered Decision-Making,* BookBaby, 2021. Edición de Kindle.

20 R. Altisent y J. Judez, «El reto de la planificación anticipada de la atención al final de la vida en España», *Medicina Paliativa* 23/4 (2016), pp. 163-164.

como herramienta que apoye uno de los mayores retos de la bioética: el acompañamiento para ayudar a vivir bien la enfermedad y la muerte.[21]

Construir valores en los servicios de salud, mejorando lo que hemos recibido: esos son los nuevos retos para la pedagogía de la bioética.

Mismos retos, diferentes matices en las herramientas para formar a los profesionales de la salud en actitudes, conocimientos y habilidades, con actividades que les muestran cómo mejorar su desempeño y que sean útiles para que este, a través de los encuentros y relaciones clínicas, lo sea igualmente para atender a lo largo de la trayectoria de las enfermedades de las personas, sabiendo que los profesionales somos arquitectos de las decisiones de los pacientes.[22]

En conclusión, nuestra pedagogía de la enseñanza de la bioética debe promover:

- Conocimiento nuclear del enfermar y la toma de decisiones, así como de los desafíos de la salud y la pérdida funcional en distintas etapas de la vida y trayectorias de la enfermedad.
- Conocimiento específico sobre el inicio, el final de la vida, la epistemología de la asistencia y la generación de conocimiento clínico.
- Habilidades de identificación de disfunciones (amenazas) y de generación de recursos en la prestación de servicios de salud.
- Actitud y talante de trabajo multiprofesional e interdisciplinar en torno a las necesidades de las personas que atendemos.

---

21 N. Pérez de Lucas, H. García-Llana, E. Gómez-Iglesias y J. Júdez, «Planificación Compartida de la Atención, toma de decisiones compartida y comunicación, tras la regulación de la Ley de eutanasia», *AMF* 18/5 (2022), pp. 297-302.

22 R.H. Thaler y C.R. Sunstein, *Nudge. Improving Decisions About Health, Wealth, and Happiness,* Londres, Penguin Books, 2009.

- Rendición de cuentas también por las herramientas aplicadas y por los productos generados para mejorar la práctica clínica.

No son pocos los retos ni precisamente menores. Por fortuna, foros como el II Congreso Internacional de Bioética capilarizan nuestras iniciativas y las interfecundan, lo que resulta, sin duda, un motivo para el optimismo y la esperanza. Para seguir en el empeño de enseñar a futuras generaciones a dejar un mundo mejor que el que les dimos.

Experiencia de metodología participativa en cursos de educación continua

María Bernardita Portales Velasco

La enseñanza de la bioética es, sin duda, un desafío para aquellos que nos dedicamos a la docencia de esta disciplina. Se debe transmitir a los estudiantes la importancia de la bioética en medicina, entre otros aspectos por su relevancia en la atención y el cuidado de pacientes, por su importancia en la investigación y por la relevancia de la bioética en aspectos cotidianos de su futura vida profesional. El Centro de Bioética de la Facultad de Medicina Clínica Alemana Universidad del Desarrollo se fundó en 2003 para aportar, entre otras contribuciones reflejadas en su misión, la docencia de la bioética en pre y posgrado como uno de los ejes curriculares de las carreras o grados que imparte dicha facultad.

En la actualidad la bioética forma parte de las mallas curriculares de las carreras de la salud y de otras disciplinas, y para muchos la capacitación en bioética es un requisito para ser integrantes de comités de ética asistencial y de investigación. Por lo tanto, es necesario ofrecer cursos que permitan una actualización y reflexión en las diversas áreas de esta disciplina.

A través de la enseñanza de la bioética, ya sea en pregrado o en cursos y programas de posgrado, se busca que el alumno adquiera conocimientos, que sea capaz de identificar conflictos de valores en su práctica profesional y que desarrolle competencias en la búsqueda de decisiones prudentes. Para lograr lo anterior no bastan cursos teóricos ni cursos aislados, sino que es necesaria la formación en bioética para el desarrollo de ciertas habilidades y actitudes. En el proceso de enseñanza y aprendizaje de la bioética, al ser una ética aplicada, se requiere una participación activa del estudiante.

El Curso Intensivo Internacional de Bioética se basa en una experiencia intensiva en bioética durante toda una semana. Comenzó a impartirse en 2005 en respuesta a la necesidad nacional e internacional de formación en bioética. Este es un curso de educación continua, al que asisten integrantes de comités de ética asistencial, miembros de comités de ética de la investigación o profesionales interesados en el campo de la bioética. El curso se ha realizado de manera consecutiva, salvo en 2020, cuando ni siquiera se logró organizar en modalidad telemática a causa de la pandemia de COVID-19. En 2021 y en 2022 se realizó de forma telemática.

Es así como el Curso Intensivo Internacional de Bioética, planificado para sesenta alumnos, lleva diecisiete versiones.[1] A lo largo del tiempo se han hecho algunas modificaciones al programa, aunque en general se puede describir una estructura básica del curso que consiste en una serie de clases expositivas a cargo de cinco docentes: tres profesores chilenos y otros dos profesores de otros países, los mismos que hacen de profesor guía o tutor en los trabajos de grupo. Las clases se complementan con talleres y sesiones de análisis ético-clínico de casos.

En las clases expositivas, de sesenta minutos aproximados de duración, se explican conceptos de bioética. Las clases, de lunes a viernes, continúan con un trabajo de grupo pequeño donde se promueve la metodología participativa, centrado en el ejercicio deliberativo.[2]

Las clases expositivas tienen como objetivo aportar conocimientos y contenidos en bioética, pues, como dice Azucena Couceiro, estos «constituyen el cuerpo de la disciplina, que se pueden enseñar mediante clases teóricas».[3] Pero, al ser un curso

1 Los datos corresponden a 2023.

2 M. Kottow, «Docencia participativa en bioética. Comentarios», *Revista Bioética* 27 (2019), pp. 386-393.

3 A. Couceiro-Vidal, «Enseñanza de la bioética y planes de estudios basados en competencias», *Educación Médica* 11/2 (2008), pp. 69-76.

que tiene como objetivo general conocer fundamentos y teorías de la bioética clínica y ética de la investigación y adquirir capacidades para el análisis y la toma de decisiones frente a conflictos éticos, se requiere que estos conocimientos sean discutidos y analizados críticamente para que se puedan incorporar en el quehacer profesional. Por eso tras cada clase expositiva sigue un trabajo de grupo, donde el alumno se involucra mediante un ejercicio que requiere la reflexión y comunicación de sus ideas.[4]

Este trabajo de grupo pequeño está formado por entre diez y doce alumnos a cargo de un profesor que hace de tutor durante la actividad, en la que se comenta durante una hora el tema tratado en la clase anterior. El mismo grupo de alumnos se mantiene de lunes a viernes, pero el tutor va cambiando cada día, de modo que tienen la experiencia de conocer y de ser guiados por los cinco docentes del curso. El tutor inicia la semana explicando la modalidad del trabajo de grupo, reforzando la importancia del respeto a la opinión de los otros, la relevancia de la fundamentación en bioética y la necesidad de escucha activa de las razones y opiniones del resto de los participantes del grupo, donde todos son agentes válidos. Todo ello es necesario para que se logre la deliberación necesaria como parte de una metodología participativa en la enseñanza de la bioética.

En los trabajos de grupo se crea un espacio de reflexión, en un ambiente de confianza y de confidencialidad, donde se comparten y ponen en común conocimientos y opiniones fundamentadas del tema tratado en las clases. De esta forma, los trabajos en grupo presentan las ventajas de un seminario en el que se «posibilita el refuerzo de ideas, el desarrollo analítico y fundamentado de cada parte o ámbito del tema y el aprendizaje colectivo».[5] Y, a su vez, también se comparten las desventajas de

4 M. Kottow, «Docencia participativa en bioética», *op. cit.*

5 C. Benaglio, J. Bloomfield, P. Conget, A. Maturana, G. Repetto, R. Ronco, M. J. Santa Cruz y A. Valenzuela, *Metodologías de enseñanza-aprendizaje aplicables a la Educación Médica,* Santiago de Chile, Oficina de Desarrollo Educacional, Facultad de Medicina Clínica Alemana Universidad del Desarrollo, 2009. Disponible en https://

un seminario, pues en ocasiones los integrantes del grupo no participan de la misma manera.

En este tipo de trabajos de grupo, la labor del tutor o profesor que guía la actividad es fundamental. El tutor debe guiar la discusión sin dogmatismo en los contenidos que imparte, debe manejar estos bien, pues tiene que ir aclarando ideas y conceptos que pueden estar mal fundados entre los participantes y «ha de poseer una formación sólida que debe compartir con sus alumnos para sistematizar los hallazgos de las sesiones de participación activa».[6]

Durante este curso también hay trabajos de grupo enfocados al análisis ético-clínico de casos, así como talleres en los que el alumnado puede elegir entre los diversos temas propuestos. Las sesiones de análisis ético-clínico de casos ocupan dos sesiones a la semana que se llevan a cabo después de que se haya explicado el método de análisis ético-clínico elaborado por el Dr. Juan Pablo Beca, basado en la propuesta casuística de Albert Jonsen y en la propuesta deliberativa de Diego Gracia.[7] En estas sesiones se pone en práctica la deliberación en bioética en torno a conflictos éticos que surgen en la atención sanitaria de pacientes.

Los talleres son espacios de análisis y reflexión en torno a diferentes temas. Estos talleres pueden ser impartidos por los mismos docentes del curso, así como por docentes invitados de acuerdo con su experiencia en el tema escogido.

Los alumnos tienen acceso a la plataforma del curso días antes del inicio de este para que puedan revisar la bibliografía correspondiente a cada clase teórica. Para que el alumnado apruebe el curso y obtenga su certificado deben tener un porcentaje de asistencia igual o mayor al 75% y aprobar la evaluación final, que consiste en una prueba de preguntas de selección múltiple.

Por último, vale la pena comentar que este curso siempre ha tenido una muy buena valoración por parte del alumnado, en la

---

medicina.udd.cl/cde/files/2014/03/Manual-Metodologias-Docente-Facultad-de-Medicina-CAS-UDD.pdf [acceso el 3/06/2024].

6 M. Kottow, «Docencia participativa en bioética», *op. cit.*

7 J.P. Beca, «Método de decisión en bioética clínica», en J. P. Beca, C. Astete y S. Carvajal, *Bioética clínica,* Santiago de Chile, Mediterráneo, 2022, pp. 89-97.

que evalúan positivamente los trabajos de grupo y la modalidad participativa de este curso de educación continua. Algunos asistentes continúan con otros cursos y programas de formación en bioética después de haber realizado esta semana intensiva.

La experiencia de este Curso Intensivo Internacional de Bioética confirma que para la enseñanza de la bioética se requiere un complemento de actividades en el que se impartan contenidos teóricos con metodologías participativas enfocadas en la deliberación entre los participantes, donde el diálogo abierto, respetuoso y plural es fundamental.

Role-playing psicopedagógico con multiplicación dramática para la exploración de conflictos éticos

María Muñoz-Grandes López de Lamadrid

En este capítulo voy a explicar cómo llegué a desarrollar un método para la enseñanza de la bioética basado en la utilización combinada del *role-playing* pedagógico con multiplicación dramática (en un primer momento) y del método deliberativo (en un segundo momento). El desarrollo de este método arrancó precisamente de las dificultades que encontré en la enseñanza de la asignatura de Ética Profesional, que impartí en la Facultad de Psicología, en IE University, durante los años 2012-2014, que tradicionalmente estaba basado en el estudio de casos presentados en los manuales de Deontología Profesional para psicólogos y cuya lectura y posterior debate no motivaba suficientemente a los alumnos. Decidí entonces aplicar el *role-playing* pedagógico, tal y como lo concibió su creador Jacob Levi Moreno,[1] fundador del psicodrama, y tal y como nos explican Anne Ancelin Schützenberger,[2] y en versión más actualizada, que incluye ya el énfasis en la multiplicación dramática, Elisa López y Pablo Población,[3] como una técnica para la exploración y aproximación a escenas de la vida cotidiana, reales o anticipadas, que presentan alguna dificultad para los participantes en los grupos, con el propósito de aprender acerca del desempeño de los roles sociales (profesio-

1 J.L. Moreno, *Psicoterapia de grupo y psicodrama,* Ciudad de México, FCE, 1966; *id., Psicodrama,* Buenos Aires, Hormé, 1972.

2 A.A. Schützenberger, *Introducción al «rôle-playing». El sociodrama, el psicodrama y sus aplicaciones en asistencia social, en las empresas, en la educación y en psicoterapia,* Madrid, Marova, 1979.

3 E. López Barberá y P. Población Knappe, *Introducción al role-playing pedagógico,* Bilbao, Desclée de Brouwer, 2000.

nales, en nuestro caso), y del sistema de relaciones, actitudes y valores *implícitos* en dichos desempeños. El uso de esta metodología activa y participativa, como preámbulo para la aplicación del método deliberativo, cambió la dinámica de la clase, y los alumnos acabaron evaluándola como su favorita. En un par de ocasiones invité al profesor Diego Gracia a formar parte de nuestra comunidad de aprendizaje. El fruto de estas visitas hizo posible aprender el método deliberativo.[4]

A continuación voy a explicar la metodología de aplicación de esta técnica y cómo creo que debe facilitarse la participación de los alumnos en este proceso de aprendizaje para después reflexionar acerca de por qué es tan importante el empleo de las técnicas activas y participativas para la enseñanza de la bioética.

I. Fases en la aplicación del *role-playing* pedagógico

1) Caldeamiento grupal

a) Elección de la escena. Es de fundamental importancia que la escena que se va a trabajar a través del *role-playing* sea una elegida por el grupo y que esa elección se haga tras haber dedicado un tiempo donde cada miembro del mismo pueda compartir alguna situación en la que se ha encontrado, o imagine que pueda encontrarse, con algún conflicto ético relevante para su práctica profesional. Dependiendo del tamaño del grupo, podemos facilitar que este «compartir escenas» se haga en el grupo grande, o dividiendo la clase en subgrupos, para que cada cual presente la suya, le ponga un título, y cada subgrupo elija cuál de ellas quiere presentar al grupo grande. Entonces se hace un listado en la pizarra de los títulos de las elegidas por cada subgrupo y se da la oportunidad al autor de la escena de que se la presente brevemente al resto del grupo grande. El grupo grande procederá entonces a hacer una votación a mano

4 D. Gracia Guillén, *Introducción a la bioética. Siete ensayos,* Bogotá, Editorial El Búho, 1991; *id., Fundamentos de bioética,* Madrid, Triacastela, 2007.

alzada, con la consigna de que se puede votar tantas veces como se quiera y de que nunca votamos a las personas, sino la escena que más nos inquiete ese día. Una vez se haya elegido una se dan las gracias a todos los que han compartido sus escenas, que quedarán apuntadas en el cuaderno de clase para, quizá, futuras representaciones. Como puede observarse, este modo de trabajar con el *role-playing* es diferente al modo en que se trabaja con un conflicto ético ya dado, no elegido por los miembros de la clase. La gracia de esta metodología participativa es que este tiempo previo a la representación, donde todos traen sus escenas y donde es el grupo el que elige democráticamente la escena que más le interesa, sirve para caldear el ambiente, ya que todos los participantes se van conectando con la escena y con las resonancias que esta les despierta a todos ellos.

b) Elección del protagonista. El protagonista de la dramatización será la persona que haya planteado la situación elegida por la clase (se le pregunta si quiere salir a explorar su escena; si no quisiera, se pasa a trabajar con la segunda escena más votada; es importante que la persona protagonista sea la autora de la escena, pues solo así se podrán transmitir los matices que dan verosimilitud emocional a su historia).

c) Elección de los yo-auxiliares. Debe ser el mismo protagonista quien asigne roles a los yo-auxiliares; quien elija a las personas de entre los miembros de la clase que intuitivamente le parece que pueden dar el perfil que requiere su personaje. En psicodrama entendemos siempre que las escenas elegidas expresan las inquietudes latentes en el grupo y que el protagonista, portador de estas inquietudes, es quien mejor puede elegir a alguien que pueda representar mejor los roles de los otros caracteres de su escena. Siempre que se invita a un miembro de la clase a representar un rol se tiene cuidado de que pueda denegar el ofrecimiento, procediéndose entonces a una segunda elección.

2) Calentamiento del protagonista y los yo-auxiliares

Se trata de preparar a los actores para la tarea, para la representación de sus respectivos papeles. Para ello es necesario ayudarlos a introducirse en su rol y a desprenderse de las tensiones a fin de favorecer su espontaneidad. El protagonista construye imaginariamente el escenario en interacción con el profesor y se sirve simbólicamente de los objetos de la sala. Se concretan los roles de los caracteres secundarios y se permite que las personas que los van a representar puedan hacer las preguntas que necesiten para poder meterse en el papel. Cada uno adopta su rol y se sitúa en un lugar del espacio dramático.

3) Dramatización

Una vez construida la situación, el protagonista representa su rol espontáneamente, tal y como lo hace en su vida cotidiana (si es una situación presente) o tal y como cree que lo haría (si se trata de una situación anticipatoria). El facilitador irá parando, durante la dramatización, tantas veces como le parezca oportuno para pedir a cada persona en escena que haga un soliloquio de cómo se está sintiendo desde su papel. Estos soliloquios ayudan a tomar conciencia de las emociones y actitudes implícitas en los roles y acerca de la naturaleza de las relaciones desplegadas en la escena. Concluida la primera representación se pide en primer lugar *feedback* a la persona que ha estado representando el papel de paciente, sobre cómo se ha sentido con la actuación del profesional. La persona que está representando el rol del profesional comenta a continuación cómo lo ha vivido y qué dificultades ha encontrado. Se anima a los miembros del público a que compartan cómo lo han visto y qué impresión les ha causado su modo de actuar. Es importante que se desalienten las intervenciones que supongan juicios o análisis distantes.

4) Multiplicación dramática

Los miembros del grupo proponen entonces otros modos de actuación, cómo afrontarían esa situación ellos. La clave está en que, en vez de dejar que varios sujetos expresen verbalmente cómo lo harían, se les invita, en cambio, a que lo demuestren en el escenario: en vez de decirlo, que lo representen. Se vuelve de nuevo a la situación, con un nuevo miembro del grupo en el rol del protagonista y una nueva manera de desempeñarlo. El primer protagonista permanece en un lado del escenario, desde donde puede observar la acción. Al terminar se pregunta, a la persona que hace de paciente y al público, qué les ha parecido este nuevo modo de desenvolverse en la situación. Otros miembros del público pueden pasar entonces a representar otros modelos de resolución del conflicto o del problema planteado en escena. Cada vez que uno termina se procede al correspondiente proceso de *feedback*. Esta técnica se llama «multiplicación dramática»: varias personas pasan por el mismo rol y lo desempeñan a su manera mostrando al público y al protagonista distintas formas de afrontar la situación. La dificultad de las situaciones planteadas nunca deberá superar el nivel de dificultad que suele presentarse en la vida real. El objetivo nunca debe ser dejar en evidencia las deficiencias de los modos de afrontamiento, sino las distintas maneras de abordar una situación.

5) Comentario grupal emocional y empleo del método deliberativo

En el *role-playing* las fases de dramatización y comentario grupal van alternándose durante toda la sesión. No obstante, es importante acabar facilitando un espacio final donde cada cual pueda expresar cómo se ha sentido y lo que ha aprendido. Solo después de este compartir emocional pasaremos a la aplicación del método deliberativo, haciendo, ahora sí, un análisis de cuáles son los valores en juego en el conflicto representado, cuáles son los cursos de acción extremos, y los de acción intermedios que se han representado para, finalmente, promover que el alumnado pueda elaborar cuál sería, desde su perspectiva, el curso de acción óptimo.

II. Importancia del Conocimiento relacional implícito

Ahora voy a reflexionar acerca de por qué desde el punto de vista psicológico es tan importante el uso de metodologías activas y participativas para la enseñanza de la bioética. Mi posición se basa en los nuevos estudios acerca de los diferentes tipos de memorias, y concretamente sobre la memoria y cognición relacional implícita.[5] Cuando el método deliberativo se centra solamente en los contenidos temáticos que se expresan en las situaciones portadoras de conflictos éticos, estamos perdiendo fuentes de información fundamental para todo proceso de toma de decisiones, como son la valencia emocional de esos mismos contenidos y los componentes performativos (las tendencias de acción y relación) involucrados en las motivaciones y actitudes. Las decisiones elaboradas solo de manera racional pueden resultar lógicamente coherentes, pero no ser sostenibles para los individuos que apuestan por ellas en la deliberación racional. Siguiendo, pues, la *Ética de la razón cordial* de Adela Cortina,[6] en su propuesta de pensar «con el corazón», necesitamos para ello aprender a pensar también con el cuerpo y mediante la acción, de tal manera que se pueda mostrar nuestro repertorio emocional y relacional.

---

5 D.L. Schacter, «Implicit memory: history and current status. Journal of Experimental Psychology: Learning, Memory, and Cognition», *Journal of Experimental Psychology Learning Memory and Cognition* 13/3 (1987), pp. 501-518. L.R. Squire, «Memory systems of the brain. A brief history and current perspective. Neurobiology of Learning and Memory», *Neurobiol. Learn Mem.* 82/3 (2004), pp. 171-177. B. Roozendaal y J.L. McGaugh, «Memory Modulation», *Behavioral Neuroscience* 125/6 (2011), pp. 797-824.

6 A. Cortina, *Ética de la razón cordial. Educar en la ciutadania en el siglo XXI,* Oviedo, Nobel, 2007.

Mi práctica por excelencia es la psicoterapia. Me parece interesante presentar en este foro de bioética las nuevas concepciones del cambio terapéutico basadas en el trabajo en la relación y en el cambio en el conocimiento relacional implícito,[7] pues creo que pueden ser de gran inspiración para los docentes de la bioética.

En psicoanálisis vemos que para pensar el cambio terapéutico actualmente —la escuela tradicional de Freud se basaba en el análisis de los contenidos reprimidos del inconsciente, esos que han sido simbolizados alguna vez y que han sido suprimidos de la conciencia por su carga conflictiva— está tomando cada vez más preeminencia el trabajo con lo originariamente inconsciente,[8] lo vivido y experienciado y nunca simbolizado (pre-simbólico): las representaciones no simbólicas; esquemas cognitivo-afectivos; «paquetes» de información que nos predisponen a la acción de manera «automática», no consciente; el «saber cómo» (cómo hemos aprendido a relacionarnos con los otros). El saber procedimental y relacional no se explica, se muestra en la acción. Es el saber actuado. Karlen Lyons-Ruth[9] lo denomina «representaciones actuadas». *Know how* lo llama Hugo Bleichmar.[10] «Conocimiento relacional implícito», Daniel Stern.[11] «Lo sabido no pensado», Christopher Bollas.[12] El aprendizaje del conocimiento relacional implícito es continuo;

7 D. Stern, L.W. Sander, J.P. Nahum, A.M. Harrison, K. Lyons-Ruth, A.C. Morgan, N. Bruschweiler-Stern y E.Z. Tronick, «Non-Interpretive mechanisms in psychoanalytic therapy. The "something more" than interpretation. The Process of Change Study Group», *Int. J. Psychoanal.* 79 (Pt 5) (1998), pp. 903-921.

8 H. Bleichmar, «El cambio terapéutico a la luz de los conocimientos actuales sobre la memoria y los múltiples procesamientos inconscientes», *Aperturas Psicoanalíticas. Revista de Psicoanálisis* 9 (2001).

9 K. Lyons-Ruth, «The two-person unconscious. Intersubjective dialogue, enactive relational representation and the emergence of new forms of relational organization», *Psychoanalytic Inquiry* 19/4 (1999), pp. 576-617.

10 H. Bleichmar, «Hacer consciente lo inconsciente para modificar los procesamientos inconscientes. Algunos mecanismos del cambio terapéutico», *Aperturas Psicoanalíticas. Revista de Psicoanálisis* 22 (2006).

11 D. Stern *et al.*, «Non-Interpretive mechanisms in psychoanalytic therapy», *op. cit.*

12 C. Bollas, *La sombra del objeto. Psicoanálisis de lo sabido no pensado,* Buenos Aires, Amorrortu, 1991.

este tipo de conocimiento se está regenerando de manera constante. Es plástico y cambia a medida que vivimos nuevas experiencias significativas e internalizamos nuevos esquemas cognitivo-afectivos; o mediante la identificación con nuestras figuras significativas, como por ejemplo en los modos de reaccionar; niveles de activación neurovegetativa... El conocimiento relacional implícito es nuestro «repertorio» relacional. Abrirlo a nuevas posibilidades de acción y relación es el reto del cambio terapéutico y del aprendizaje significativo.

La deliberación mediante la reflexión compartida, la conversación y el diálogo puede abrir la visión en túnel acerca de un conflicto ético, donde solamente se consideran los cursos de acción extremos, a la consideración intelectual de otros cursos de acción posibles; pero para que este proceso de toma de decisiones, o en el caso de la enseñanza, para que el aprendizaje de nuevas maneras de estar en relación los profesionales con los pacientes, se consolide, es necesario aprender a incorporar las técnicas activas. En el *role-playing,* durante la dramatización, se suma al lenguaje corporal y gestual el verbal. El sujeto no habla sobre un asunto, sino que se expresa con todo su ser. La dramatización de escenas moviliza los esquemas previos en todas sus dimensiones: cognitiva, afectiva, actitudinal, axiológica y conductual. El *role-playing* psicopedagógico es una metodología global que integra el cuerpo, las emociones y el pensamiento. Por medio de la actividad representativa, del movimiento de nuestro cuerpo en la escena, nos ponemos en contacto con nuestras emociones, actitudes u opiniones, con el sentido que para nosotros encierra aquello que estamos trabajando en la dramatización. La dramatización hace visible en la escena representada el sistema de relaciones vigente y también los modos de relación, que los participantes en la dramatización despliegan y muestran, actúan de manera automática. Y es también un modo privilegiado de probar nuevos roles, nuevos modos de acción/relación. Y ensayar nuevas maneras de desempeñar roles que en el pasado nos han resultado conflictivos. El aprendizaje se produce cuando internalizamos nuevas maneras de representar el rol.[13] En el *role-playing* se muestran las relaciones implícitas compartidas, y mediante el ensayo de las diversas maneras de estar con el otro, durante la multiplicación dramática, se pueden incorporar nuevas memorias y nuevos repertorios relacionales. Ampliamos el horizonte no solo reflexivo, sino performativo. Para esto, nos dice la ley de Yerkes-Dodson,[14] es importante promover una activación de las memorias representadas que sea intermedia, ni demasiado alto el estrés al que el alumnado es expuesto ni demasiado bajo, pues entonces la exploración no despierta interés. Para que la consolidación del aprendizaje sea óptima, la teoría de la reconsolidación de la memoria nos enseña que cuando se recuerda, incorporando el recuerdo de sensaciones y emociones, mediante técnicas activas, en ese momento de activación de las memorias se produce una ventana para la reconsolidación, para la incorporación a la memoria de nuevas experiencias, para el acoplamiento de experiencias o la incorporación al recuerdo previo de nuevos contenidos temáticos, actitudinales y relacionales. El trabajo con el *role-playing* produce la activación adecuada de las memorias, y el trabajo con el *role-playing* sobre conflictos éticos, en particular, produce «momentos de alta receptividad»,[15] ya que estamos trabajando con situaciones en las que se presentan dificultades en las relaciones («momentos ahora») y también la posibilidad de vivir momentos de encuentro.[16]

---

13 E. López Barberá y P. Población Knappe, *Introducción al role-playing pedagógico, op. cit.;* P. Población (dir.), *Tratado de psicoterapia activa. Un psicodrama actual,* Madrid, Morata, 2019.

14 R.M. Yerkes y J.D. Dodson, «The relation of strengths of stimulus to rapidity of habit-formation», *Journal of Comparative Neurology and Psychology* 18 (1908), pp. 459-482.

15 M. de Iceta Ibáñez de Gauna, M.Á. Soler Roibal, J.A. Méndez Ruiz y J. Ingelmo Fernández, «El cambio activo en terapia psicodinámica: momentos de alta receptividad», *Aperturas Psicoanalíticas. Revista de Psicoanálisis* 54 (2017).

16 D. Stern *et al.*, «Non-Interpretive mechanisms in psychoanalytic therapy», *op. cit.* The Boston Change Process Study Group (N. Bruschweiler-Stern, K. Lyons-Ruth, A.C. Morgan, J.P. Nahum, L.W. Sander, D.N.S. Stern, A.M. Harrison y E.Z. Tronick [cols.]), *Change in Psychotherapy. A Unifying Paradigm,* Nueva York, W.W. Norton & Company, 2010.

Por último, querría acabar con una mención de cómo compartir maneras de abordar los conflictos éticos, mediante la representación de las situaciones en la que se presentan, produce un aprendizaje contextual, cultural y comunitario, ya que la multiplicación dramática permite el despliegue de los recursos y sabiduría de la comunidad para abordar una situación de conflicto ético elegida y compartida por todas las personas pertenecientes a esa comunidad.[17]

17 M.E. Camarotti, T. Freire y A. Barreto, *A terapia comunitária integrativa no cuidado da saúde mental,* Portugal, Flor da Manhã Publicações, 2022.

V

INCOMODIDAD CON LA MUERTE. TRANSHUMANISMO *VERSUS* EUTANASIA

Incomodidad con la muerte

Transhumanismo *versus* eutanasia. Introducción

Jordi Pigem Pérez

La última mesa redonda del II Congreso Internacional de Bioética trata, apropiadamente, de un tema «último»: la muerte —y la incomodidad que genera—.

Ya Epicuro ofrecía una solución filosófica a la incomodidad ante la muerte: darse cuenta de que cuando tú eres, la muerte no es, y cuando la muerte llega, tú ya no estás. Pero es dudoso que esta solución haya convencido a mucha gente. Personalmente, prefiero la solución que propone Wittgenstein: «vive eternamente quien vive en el presente».[1]

El monólogo más famoso de *Hamlet* empieza expresando una incomodidad ante la vida: «To be, or not to be, that is the question [...]». Pero cuatro líneas después, el célebre soliloquio pasa a centrarse en la incomodidad ante la muerte:

[...] To die-to sleep,
No more; and by a sleep to say we end
The heart-ache, and the thousand natural shocks
That flesh is heir to: 'tis a consummation
Devoutly to be wished. To die, to sleep;
To sleep, perchance to dream. Ay, there's the rub,
For in that sleep of death what dreams may come,
When we have shuffled off this mortal coil,
Must give us pause.[2]

1 L. Wittgenstein, *Tractatus logico-philosophicus/Logisch-philosophische Abhandlung*, Londres, Kegan Paul, 1922; 6.4311: «Lebt der ewig, der in der Gegenwart lebt».

2 *Hamlet*, acto 3, escena 1, líneas 60-68 (texto según la edición de Cedric Watts en Wordsworth Classics, Herfordshire, 2002). «Morir, dormir: nada más. Y decir que terminan con un sueño las tristezas y los mil encuentros de los cuales la carne

Hamlet se plantea si, ante los tormentos del mundo, no es mejor terminar la vida. Pero le surge la duda de si la muerte es un «sueño eterno» (eufemismo para «muerte» con el que se traduce *The Big Sleep* [«El gran dormir»], título de una famosa novela y de la correspondiente película protagonizada por Humphrey Bogart y Lauren Bacall), es decir, un sueño profundo en el que nada se sueña (nada aparece en la conciencia) o bien es un soñar en el que sí tenemos sueños —y entonces nos paraliza la duda de cómo serán tales sueños («For in that sleep of death what dreams may come [...] must give us pause»)—.

Cuatro siglos después del *Hamlet* shakespeareano, la tecnología médica proporciona un creciente número de indicios (o evidencias) de que el dormir de la muerte puede implicar un soñar, sobre todo en las llamadas experiencias cercanas a la muerte, tema tabú en muchos ámbitos, pero que merecidamente empieza a abrirse paso en las publicaciones académicas.[3]

Otro gran autor inglés, J. R. R. Tolkien, tiene algo que decir sobre la muerte y el transhumanismo. En su universo de ficción (que él no entendía de ningún modo como simple ficción), el Anillo de Poder tiene como característica principal «impedir o retardar el *envejecimiento [decay]*»: promete vencer a la muerte o, como mínimo, alejarla indefinidamente —aunque eso se basa en un engaño—.[4] En sus cartas, Tolkien advierte del «horrible peli-

---

es natural heredera, es un fin que habría que desear devotamente. Morir, dormir. ¡Dormir!...¡quién sabe si soñar!... He aquí el revuelo; que en ese sueño de muerte qué sueños pueden visitarnos, cuando sea ya desprendida nuestra piel mortal?... Esto nos detiene».

3 Hay numerosos estudios sobre el tema, muchos de ellos firmados por psiquiatras, cardiólogos y otros profesionales del mayor prestigio que al principio afrontaron el tema con total incredulidad. Mi colega Álex Gómez-Marín, del Instituto de Neurociencias (CSIC-UMH) de Alicante, lo explora en un texto recién publicado: Á. Gómez-Marín, «What Happens with the Mind when the Brain Dies?», *Organisms. Journal of Biological Sciences* 6/1 (2023), pp. 51-53.

4 J.R.R. Tolkien, *The Lord of the Rings,* Nueva York, Houghton Mifflin Harcourt, 2004, p. 47: «A mortal, Frodo, who keeps one of the Great Rings, does not die, but he does not grow or obtain more life, he merely continues, until at last every minute is a weariness» [Un mortal que tenga uno de los Grandes Anillos, Frodo, no muere, pero tampoco crece ni obtiene más vida, simplemente continúa, hasta que al final cada minuto es un agobio].

gro de confundir la verdadera "inmortalidad" con la "ilimitada longevidad en serie" a la que hoy aspira el transhumanismo».[5]

Tolkien era muy consciente de que los intentos tecnológicos de «mejorar» a los seres vivos solo pueden corromperlos, deformarlos. ¿Es realmente posible una mejora tecnológica de la naturaleza humana, como pretende el transhumanismo? Sin duda, hay tecnologías maravillosas que ayudan a millones de personas a recuperar funciones perdidas. Ahora bien, ¿es posible ir más allá del ser humano despierto, con plena salud y en plena forma? Hay maneras de ampliar nuestros sentidos para tareas concretas (enfocando con microscopios y telescopios una pequeñísima parte del campo visual y prescindiendo, por tanto, de la visión de conjunto) y de mejorar temporalmente nuestro estado de ánimo (quizá con un simple té o café). ¿Podemos, sin embargo, aspirar a mejoras transversales y permanentes? Todo está relacionado con todo, especialmente en los seres vivos, de modo que cada cambio en un detalle repercute en el resto. Si una modificación no encaja con la armonía del conjunto del organismo, no es una mejora. ¿Es realmente posible mejorar el estado natural del ser humano?[6]

La muerte seguirá generando incomodidad mientras siga siendo tabú hablar abiertamente de ella. Transformar nuestra percepción de la muerte no es una tarea ociosa porque nuestra comprensión al respecto condiciona decisivamente nuestra comprensión de la vida, de lo que hacemos en cada momento, aquí y ahora.

---

5 J.R.R. Tolkien, *The Letters of J. R. R. Tolkien,* carta del 10 de abril de 1958 a C. Ouboter, p. 267: «The hideous peril of confusing true "immortality" with limitless serial longevity» [El horrible peligro de confundir la verdadera «inmortalidad» con la ilimitada longevidad en serie].

6 Abordo estos temas, a caballo entre la filosofía, la literatura, la neurociencia y la sociología de las nuevas tecnologías en mi obra más reciente: J. Pigem, *Técnica y totalitarismo. Digitalización, deshumanización y los anillos del poder global,* Barcelona, Fragmenta, 2023.

El *bíos*, la *zoé* y los límites de la vida

Jesús Zamora Bonilla

Uno de los valores principales del pensamiento filosófico ha sido, tradicionalmente, el fomento de la claridad conceptual, el de ayudarnos a entender lo mejor posible *qué es lo que estamos pensando* cuando pensamos lo que pensamos y decimos lo que decimos. En el debate sobre los aspectos morales de los límites de la vida es importante, por ello, reflexionar sobre el concepto principal en juego: el concepto de *vida*. No es necesario, ni seguramente posible, que le encontremos una definición definitiva (valga la redundancia), pero sí conviene que pongamos el mayor esfuerzo en aclarar las posibles ambigüedades a las que nuestro pensamiento y nuestro discurso puede estar sujetos, a menudo inconscientemente, cuando utilizamos una idea tan pretendidamente clara. Tal como he argumentado en mi libro *Contra apocalípticos. Ecologismo, animalismo, posthumanismo,*[1] el principal motivo por el que tendemos a otorgar un valor moral cualitativa y cuantitativamente muy distinto a las vidas de los seres humanos y a las del resto de los animales es el hecho de que, aunque ambos poseen «vida» en el sentido del antiguo concepto griego de *zoé* (o sea, vida biológica, lo que distingue a un ser vivo —y no solo a los animales, sino también plantas y hongos, por ejemplo— de un ser inerte), únicamente los humanos poseemos «vida» en el sentido del antiguo concepto de *bíos,* o sea, vida biográfica, una vida que se comprende a sí misma como una *historia*. El elemento

1 J. Zamora, *Contra apocalípticos. Ecologismo, animalismo, posthumanismo,* Barcelona, Shackleton Books, 2021.

clave en esta diferencia es, naturalmente, la capacidad del lenguaje, pues sin lenguaje no hay historias que valgan; al fin y al cabo, una de las normas éticas más universales es la que dice que si una entidad puede hablar contigo, no te la comas, por no mencionar todas y cada una de las grandes teorías morales que los filósofos han desarrollado poniendo como base nuestra capacidad racional (el *lógos* de los griegos) para explicar no solo nuestra capacidad de juicio moral (o sea, nuestro carácter de *agentes* morales), sino también nuestra naturaleza de seres con *dignidad* moral. Por supuesto, los límites no son completamente nítidos y definidos, como nunca lo es nada en la naturaleza ni en la sociedad: la pregunta «¿cuál fue tu primer antepasado que poseyó intrínsecamente derecho a la vida, es decir, que habría sido moralmente incorrecto que lo sacrificáramos para comérnoslo?» es difícil de responder tanto para quien piensa que ese derecho tan solo lo poseen los humanos como para quien piensa que solo lo poseen los animales, o incluso para quien piensa que es un derecho intrínseco a todo ser vivo. Pero llevamos miles de años apañándonoslas bastante bien para funcionar en sociedad utilizando conceptos más o menos borrosos y negociando caso por caso los límites difusos cuando nos los encontramos, así que tampoco en esta ocasión el problema de la delimitación tiene por qué empañar la relativa claridad con la que, por lo general, podemos aplicar sin dificultad alguna la distinción entre *bíos* y *zoé*.

Este radicalmente distinto estatus moral entre humanos y animales sobre la base de que los primeros tienen biografía y los segundos no, podemos ilustrarlo incluso mediante ejemplos que no se refieren a la cuestión de si un determinado ser posee derecho o no a la vida. Pensemos en el caso de un simple cadáver. Si encontramos un cadáver humano cuya identidad no conseguimos averiguar, parece que tenemos el deber moral de tratarlo con un mínimo de dignidad, incluyendo, cuando menos, el no dejarlo a la intemperie y al albur de los carroñeros. En cambio, si vamos paseando por el campo y nos cruzamos con el cadáver de un conejo (pongamos), no se nos pasa por la cabeza que tengamos la obligación de enterrarlo dignamente o algo así, ni nos parece que haya nada de malo en dejarlo donde está para que en unas horas haya sido devorado por otros animales (que también tienen derecho a comer, los pobres... mientras no se alimenten de humanos). Tener un estado *post mortem* éticamente decoroso es algo que nos parece parte consustancial de aquello en lo que consiste *una vida humanamente digna.* No otro es el sentido de la polémica levantada desde el Museo Británico por su decisión de dejar de llamar «momias» a las momias egipcias que tienen expuestas, para denominarlas con la etiqueta «personas momificadas», algo que no parece que vaya a ser imitado en el vecino Museo de Historia Natural, redenominando como «animales fosilizados» a los fósiles de toda la vida. Me refiero a los fósiles de animales, por supuesto; aunque, a decir verdad, ignoro si en el Museo Británico van a llamar también «animales momificados» a las momias de gatos o de cocodrilos, expresión que, si no me equivoco, es posible que se estuviera utilizando ya, no tanto por respeto moral a los cadáveres de esos bichos, sino porque llamarlos «momias» quizá nos llevaría a pensar en principio que fuesen momias de personas... lo que, si fuese así, significaría que la semántica de la palabra «momia» incluye ya por defecto el sentido de «persona» o «ser humano», con lo que la decisión actual sería redundante.

A partir de estas reflexiones, algunos quizá podrían sacar la conclusión de que, puesto que a los seres humanos los seguimos considerando como «dignos de respeto» incluso después de muertos, con más motivo será obligatorio respetar su vida mientras están vivos; por tanto, provocar la muerte de un ser humano nunca es éticamente justificable, ni siquiera en los casos de la eutanasia o del aborto, que mucha gente sí que acepta. El error de este razonamiento consiste en seguir asumiendo la equivocada premisa de que lo que hace que la vida humana posea dignidad es la vida biológica (la *zoé*), no la vida biográfica (el *bíos*). Obviamente, la dignidad con la que pensamos que hay que respetar a un cadáver humano no procede del hecho de que esa entidad esté biológicamente viva (pues el haber dejado de estarlo es precisamente lo que hace de ella un cadáver), sino más bien de nuestra impresión de que *bíos* y *zoé* no tienen por qué coincidir de manera precisa: es más bien el hecho de que la biografía de una persona no termina automáticamente con su muerte biológica, es decir, el hecho de que, incluso después de muerta, podamos seguir considerándola como «parte de nuestra comunidad», lo que nos lleva a aceptar la obligación moral de seguir tratando con respeto a la persona aun cuando ya murió. De manera semejante, *el propio proceso de morir* puede suceder de formas que sean más dignas o de formas más indignas, y seguramente para muchas personas lo más indignante de todo sea verse reducidos a una, como han dicho algunos autores, *nuda zoé,* a una mera vida biológica de la que solo se conservan algunas funciones vitales, pero ha escapado casi todo lo que definía a la persona como un sujeto libre y autónomo. Por supuesto, habrá quien sienta que experimentar de manera más o menos consciente los intensos sufrimientos que se pueden llegar a padecer en un estado así forma parte de su dignidad, y esas personas tendrán todo el derecho del mundo a que se las deje seguir sufriendo si tal es su deseo, o si tal es la forma en que interpretan las enseñanzas de su religión, o lo que sea. Pero el mismo derecho tendrán otras personas a no pasar por ese trance, o a hacerlo de la manera más corta y menos dolorosa posible. «Murió rápidamente y sin dolor cuando ya no le esperaba más que un largo período de sufrimientos insoportables, y luego fue llorado con respeto» puede ser algo que mucha gente considere que es un final bastante digno para su *biografía* o, cuando menos, mucho más digno que la alternativa de una interminable agonía.

Me parece que estas consideraciones morales las solemos hacer de manera más bien pre-reflexiva, es decir, son juicios emocionales más que conclusiones lógicas extraídas a partir de un argumento meramente abstracto y filosófico, y no está mal que así sea. Al fin y al cabo, incluso las muchísimas valoraciones éticas que hacemos de manera claramente reflexiva y dialógicamente elaborada deben basarse en último término en premisas o principios que aceptamos porque sentimos que sería indigno y aberrante negarlas. En este caso, se trata de que nuestro sistema de emociones morales nos lleva a valorar de manera intuitiva la vida en el sentido de *bíos* como algo éticamente más relevante que la vida en el sentido de *zoé*, pese a que las elucubraciones filosóficas y metaéticas nos impulsen a menudo a aceptar como válidas normas morales que puedan parecer *prima facie* contrarias a aquellas intuiciones (como, por ejemplo, cuando algunas personas afirman que la ganadería intensiva es un crimen exactamente igual de aberrante que el Holocausto, o incluso más). Mi argumento no pretende aseverar que debemos en todo caso dar prioridad a nuestras emociones morales pre-reflexivas antes que a las normas elaboradas mediante una construcción filosófica abstracta (al fin y al cabo, ¿desde qué tipo de principios morales podríamos atrevernos a decir que eso es lo que *debemos* hacer?); me limito a constatar que puede haber una tensión entre ambas cosas y que no está escrito con letras de oro que siempre y en todo caso deban ser las conclusiones aparentemente lógicas de una argumentación filosófica las que prevalezcan sobre nuestras emociones morales más intuitivas y pre-reflexivas.

Volviendo a la materia de nuestro argumento, pienso que parecidas reflexiones las podemos hacer con respecto al otro extremo cuando hablamos de los «límites de la vida», es decir, su comienzo más que su final. Como decía más arriba, el hecho es que atribuimos un valor extremadamente más alto a la vida humana que a la vida animal porque la primera no es solo «vida orgánica» (e incluso no solo «vida sintiente»), sino «vida con sentido», «historia vital», y esto hace que, en el sistema de emociones morales de muchas personas, la magnitud del «daño moral» que implica terminar con la vida de un embrión humano de pocas semanas, igual que en el caso de la de un paciente en las últimas etapas de la enfermedad de Alzheimer, por ejemplo, sea considerablemente menor que el de otros casos. No es que estas personas (entre las que confieso que me incluyo) consideremos ese «daño» (o sea, la muerte del embrión o la del enfermo incurable y sufriente) como algo irrelevante desde el punto de vista ético, sino sencillamente que nuestra *reacción emocional* ante alguien que decide abortar, o que decide terminar con el sufrimiento de un moribundo con demencia total, no es tan severa como para impulsarnos a *prohibir* de modo taxativo ese tipo de actos. Al fin y al cabo, el embrión *aún* no tiene un *bíos* (o es razonable pensar que el *bíos* que tendrá si llega a nacer no será mínimamente deseable), como el enfermo grave de Alzheimer podemos afirmar que no lo tiene *ya,* excepto el que pueda persistir en la memoria de sus allegados. Lo que el aborto o la eutanasia les quita a esos seres es solamente una *zoé,* algo que sentimos que la sociedad tiene cierto derecho a permitir que sea eliminado si con ello se produce o se fomenta algún otro «bien» que consideremos lo suficientemente relevante desde el punto de vista moral (por ejemplo, en el caso del aborto, evitar graves inconvenientes y sufrimiento psíquico a la madre, y en el de la eutanasia, evitarle dolor al moribundo).

Sospecho que esta reacción emocional la comparte incluso la inmensa mayoría de las personas que desearían que estas cosas se prohibieran de manera absoluta. Lo demuestra, por ejemplo, el hecho de que, salvo una pequeñísima minoría entre los más fanáticos antiabortistas, casi nadie suele pedir que el aborto sea considerado desde el punto de vista penal como un tipo de asesinato, sino en todo caso como un delito *menos grave,* lo que ciertamente no es lógico si pensamos que, en el caso del aborto, si el embrión o el feto tuviesen de verdad la consideración de personas plenas, podrían darse con toda rotundidad las condiciones para que el hecho fuese clasificado como uno de los casos más graves de asesinato (premeditación, indefensión de la víctima, etc.). Tampoco suele casi nadie «luchar contra el aborto» como ciertamente sí *lucharía* si de la noche a la mañana el gobierno decidiera que hay que matar a uno de cada diez niños menores de tres años; las habituales consignas según las cuales el aborto es una especie de «genocidio» o de «holocausto» chocan frontalmente contra el hecho de que quienes así lo afirman no consideran que merezca la pena responder del mismo modo y con la misma rotundidad que como la resistencia civil armada al ejército nazi lo hizo en numerosas ocasiones, lo cual desnuda esas acusaciones de «genocidio» y las revela como una burda estrategia retórica. De modo similar, en el otro extremo de la vida humana, casi nadie se opone a que las personas que se encuentran en etapas muy avanzadas del Alzheimer reciban un tratamiento médico menos invasivo que otros pacientes con mejores pronósticos, mientras que, si su vida tuviese de veras tanto valor como la de estos otros pacientes, sería completamente discriminatorio no dedicarles el mismo esfuerzo y los mismos recursos. Es decir, estos «defensores del valor de la vida» encuentran dentro de sí mismos, al menos a nivel emocional, que la *valoración* que hacen de unas vidas no es ni mucho menos tan elevada como la que hacen de otras, aunque se dejan llevar por aquella *teoría filosófica o religiosa* que, por las causas que sean, han adoptado con el fin de explicarse a sí mismos qué es lo que hace que las cosas estén bien o mal (en este caso, la «teoría» de que «la vida humana es sagrada en cualquier circunstancia», o algo así). El hecho de que esa teoría encaje mal con bastantes de sus propias emociones morales no lo consideran un problema lo suficientemente serio, y, por supuesto, cada cual es libre de vivir con sus contradicciones. Pero quizá tendrían que plantearse que se trata *solo* de su teoría, de la trama de su propio cuento, *y nada más*. Naturalmente, estas reflexiones dejan del todo abierta la cuestión de cuáles deberían ser exactamente los límites (es decir, el tiempo de embarazo o la penosidad e irreversibilidad de una enfermedad) antes o después de los cuales el aborto y la eutanasia deberían considerarse un delito, y es razonable que los acuerdos sociales que se lleven a cabo sobre estos asuntos tengan en cuenta la muy amplia diversidad de opiniones. Pero creo que es honesto reconocer que prácticamente todo el mundo experimenta a nivel emocional una casi total indiferencia moral cuando el aborto y la eutanasia tienen lugar lo más cerca posible de los extremos: no creo que nadie en su sano juicio considere que deba condenarse *a las mismas penas que las establecidas para los peores casos de asesinato* a una mujer que tomase un medicamento que se limita a impedir la implantación en el útero del huevo fecundado, o al médico y los familiares que deciden suministrar a un moribundo una dosis de calmantes tan elevada que, además de evitarle el dolor, va a acelerar su muerte unas cuantas horas o unos pocos días con toda seguridad. El debate sobre cuándo son justificables o socialmente aceptables el aborto y la eutanasia debería comenzar siempre a partir de la constatación de que eso es lo que *experimentamos emocionalmente* casi todos, y solo más adelante permitir la entrada a argumentos basados en premisas más abstractas.

¿Qué es morir para un *sapiens*?

BERNABÉ ROBLES DEL OLMO

Los límites que dividen la vida de la muerte son, en el mejor de los casos, sombríos y vagos. ¿Quién dirá dónde termina una y dónde comienza la otra?

EDGAR ALLAN POE

¿Qué es morir para una persona?

Morir parecería, a primera vista, el núcleo conceptual de esta pregunta. Pero quizás algún lector pida abordar antes una cuestión previa: definir «persona». ¿Son sinónimos: *sapiens,* «persona» o «humano»? ¿Qué, o quién, ha muerto cuando certificamos una defunción?

Quizá la putrefacción de la materia orgánica sea abordable únicamente desde el método científico, pero la muerte de una persona no. Además, resulta cuanto menos imprudente intentar reducir un proceso complejo, la muerte, a un instante, el momento de la muerte. No debemos olvidar nunca que los criterios para definir dicho momento fueron fruto de un consenso, que aún sigue dando para deliberar.

Vivencias y supervivencia

Pero antes de hablar de la muerte, hablemos de la vida. ¿Hemos de disfrutarla o hemos de soportarla? Nadie debería apropiarse en exclusiva del concepto de «vida». ¿Es nuestra vida solo un conjunto verificable de funciones fisiológicas y constantes vitales? ¿Con nuestro mecanismo basta para definirnos? Personalmente, pienso que los humanos somos, en esencia, un autorrelato que aspiramos a autogestionar en la medida en que nos dejen los demás y las responsabilidades que nos autoimpongamos. Somos, en el fondo, un proyecto existencial.

¿Y de quién es mi vida? ¿Es solo mía?

Efectivamente, hay quien la entiende como un don o un recurso, con todas las consecuencias. Pero otros consideran que no tienen una propiedad absoluta sobre su vida. La entienden como una especie de «franquicia» sobre la que puedes tomar muchas decisiones, pero no todas. Más allá, en según qué cosmovisiones, se trata simplemente de un trámite hacia otra realidad mucho más relevante y significativa. En otras palabras, hay personas que piensan que la vida les debe merecer a ellos, y otros que piensan que ellos deben merecerse la vida.

Sin embargo, en el llamado «primer mundo» nacemos en hospitales y morimos en hospitales. Esto ha propiciado reflexiones que deberían ser personales y, si se quiere, filosóficas, en los profesionales de la salud. Pero estos, especialmente los médicos, han identificado la vida humana con la supervivencia celular, y actúan como si esta fuese un valor absoluto. Y esto se ha agravado desde la aparición de recursos tecnológicos llamados «de soporte vital».

Pero a pesar de esta ilusión prepotente de vencer a la muerte, seguimos muriendo en este nuevo paradigma intervencionista y tecnificado. Sin embargo, actuamos a menudo como si la muerte fuese una anomalía, un fracaso. Pienso que la medicina sufre el tabú de la muerte. Y eso provoca malas muertes. Lo peor de todo es que quizá solo se trate de un malentendido desafortunado. La medicina llegó a creerse textualmente la metáfora de «salvar vidas» con la que la sociedad le agradece sus servicios, pero sin una reflexión previa sobre lo que significa «vida humana». La medicina quiere hacerle «gambito de dama» a la muerte, especialmente desde que trasplantamos el primer corazón. Y poniendo el foco, con cierta soberbia, en la partida de ajedrez contra la muerte, se olvidó del ciclo de la vida y de acompañar un bien morir cuando toque.

La medicina ha desenfocado a las personas en su mirada, enfocándola en mantener la supervivencia a cualquier precio. Y sabemos bien que no toda «super-vivencia» es una vivencia «súper». De hecho, la segunda acepción del término «supervivencia» en el diccionario de la lengua se refiere, precisamente, a vivir en condiciones adversas. Quizá, bien pensado, nuestra misión como profesionales de la salud sería más bien favorecer las vivencias, no exclusivamente la supervivencia a cualquier precio, porque, con seguridad, las vivencias representan mejor el significado de la vida para los y las *sapiens*.

Crónica de una muerte anunciada

El gran problema de la muerte para los humanos es que somos conscientes de que ocurrirá. Recordando a García Márquez, vivimos la «crónica de una muerte anunciada». Esto ha supuesto ventajas adaptativas para la especie, porque los individuos que conocen el riesgo de morir, y tienen aversión instintiva a sucumbir, buscan estrategias adaptativas.

Pero la mente *sapiens,* que desconoce la muerte, la espera. Es una de sus pocas certezas. Se mezcla la autoconsciencia de una muerte inexorable con el instinto animal de supervivencia. Proyectarnos en el futuro nos permite adaptarnos mejor a ecosistemas de toda la biosfera, pero nos genera angustia porque en ese futuro sabemos que está la muerte. Así pues, la muerte se convierte en un problema existencial. Si nos fijamos, inunda toda la producción cultural de los humanos e inunda la vida como una obsesión que, racionalmente, resulta absurda. Es decir, a diferencia de la inmensa mayoría de animales, la persona «se da cuenta» de que ha de morir. No he usado la palabra «sabe» intencionadamente. No es infrecuente que ciertos animales reconozcan mucho mejor que nosotros, aunque quizá no de forma autoconsciente, que están muriéndose. Decía Sören Kierkegaard que lo que angustia no es la muerte, sino la consciencia de la muerte.

Responder a esta angustia es una de las principales funciones, y motivaciones, de creencias y relatos religiosos y/o espirituales, pero también del reciente constructo transhumanista: intentar confortar ante la constatación de la finitud, ofreciendo transcendencia más allá de los límites corporales.

¿Pero realmente la muerte es un problema? No, en principio, para el materialismo. Epicuro, filósofo hedonista, atomista y empirista, decía hace más de dos milenios: «La muerte es una quimera: porque mientras yo existo, no existe la muerte y cuando existe la muerte, ya no existo yo». El problema es que 2300 años después, la cuestión vida/muerte es mucho menos dicotómica. Ahora tenemos la capacidad de sortear la muerte de nuestro cuerpo durante mucho más tiempo, haciendo que el estado previo a esta, que no siempre vivimos como aceptable, se prolongue a veces de manera innecesaria o, al menos, indeseada. Tres de cada cuatro personas que mueren en nuestro entorno pasan antes por enfermedades crónicas sintomáticas progresivas, situaciones de dependencia y/o deterioro prolongado de su calidad de vida.

Vida celular *versus* vida humana

La definición del momento de la muerte con criterios de «muerte cerebral», que es la noción más aceptada, es muy reciente y se acordó por conveniencia, no se dedujo del método científico, sino fruto de un difícil consenso de expertos.[1] Supone el final de

1 «A definition of irreversible coma». *Report by the Ad Hoc Committee of the Harvard Medical School to examine the definition of brain death, JAMA* 205/6 (1968), pp. 337-340. E.F. Wijdicks, P.N. Varelas, G.S. Gronseth y D.M. Greer, American Academy of Neurology, «Evidence-based guideline update: determining brain death in adults: report of the Quality Standards Subcommittee of the American Academy of Neurology», *Neurology* 74/23 (2010), pp. 1911-1918.

la vida de una persona, no de un mero organismo. Millones de células humanas continúan «vivas» cuando se declara a una persona en «muerte cerebral». La pregunta que se intentó resolver con el consenso de Harvard era si esos criterios permitían asegurar que ya se había iniciado un proceso irreversible que conduciría más pronto que tarde a la muerte de todo el organismo.

No podemos olvidar que el concepto de «persona» es un atributo cultural, no una cualidad natural. Durante milenios, antes de la eclosión de las tecnologías de soporte vital, la supervivencia celular del organismo y la persistencia de los atributos socioculturales de aquello que entendemos como «persona» habían ido casi sincronizadas. Una vez perdidos los atributos, eminentemente mentales en Occidente, de persona, la posibilidad de que tus células sobreviviesen mucho tiempo era remota. Ahora, la situación ha cambiado mucho y también, paralelamente, la percepción que se tiene sobre la relación entre la vida y la muerte debido al, en primer lugar y ya mencionado, impacto tecnológico sobre las llamadas funciones «vitales», que sería más riguroso llamar «funciones homeostáticas»; y, en segundo lugar, a la emergencia del concepto de «calidad de vida», desde una antropología personalista, antropocéntrica e individualista.

Antropocentrismo, *Homo tecnologicus* y muerte

Desde el antropocentrismo de la Era moderna, la vida sigue siendo importante, pero ya no es sagrada, debe merecerse ser vivida. Es ella quien debe merecernos. Es, al fin y al cabo, un instrumento y un objeto de estudio. Por tanto, puede ser de interés abordar la potencial divergencia conceptual entre vida multicelular *versus* vida considerada como valiosa para los y las *sapiens,* para entender buena parte de los problemas bioéticos de los últimos cincuenta años y, probablemente también, de los próximos cincuenta.

La inteligencia artificial, la resonancia funcional cerebral, las interfaces cerebro-computadora, etc., permiten potenciar, o detectar, funciones cerebrales dañadas u «ocultas»: percepción, motilidad, cognición, comunicación, etc., tanto en personas sometidas a medidas de soporte vital como en personas con daños tisulares cerebrales irreversibles. Además, las nuevas tecnologías, la informática y la neurociencia también nos vuelven a prometer, y proponer, la inmortalidad. Autores de prestigio prometen la llamada «singularidad» para 2045,[2] una transformación irreversible de la vida humana por la convergencia de neurotecnología, informática y nanotecnologías, permitiendo crear superinteligencias, superlongevidad e, incluso, superbienestar. Si bien no podemos afirmar que eso sea imposible con el tiempo, sí que debemos preguntarnos si sería deseable o conveniente para la biosfera y, con ella, para nosotros mismos.

Más allá aún, la ingeniería celular y tisular con células pluripotenciales inducidas ha permitido crear cerebroides con capas corticales y ritmos electroencefalográficos similares a los de un niño prematuro. Tienen el tamaño de un guisante. Si les asociamos un pedículo de aporte y retorno podrían llegar a tener el tamaño de un melocotón. ¿Podemos predecir las funciones que desarrollarán estos cerebroides de mayor tamaño? ¿Podemos anticipar qué consideración moral les daremos, a ellos o bien a las quimeras que se desarrollan en animales al introducir estos cerebroides? El mito sería la creación de una consciencia no dependiente de nuestra carcasa biológica. ¿Sería eso posible? ¿Puede configurar el cerebro una mente si no dispone de aferencias, si no dispone de «circunstancias»?

Estos nuevos campos de investigación estresan los conceptos de «ser humano» y de «persona», sobre todo si partimos de la premisa ampliamente aceptada de que la autoconsciencia y la mente son esenciales en su definición. ¿Podrá la tecnología modificar las fronteras vida/muerte o la propia definición de persona?

---

2 R. Kurzweil, *La singularidad está cerca. Cuando los humanos trascendemos la biología*, Berlín, Lola Books, 2012.

¿A partir de cuándo hablamos de muerte? ¿Todo muere?

No olvidemos que el concepto «muerte» no existe a nivel molecular o atómico. Nuestros átomos son los del *big bang,* si aceptamos esa teoría. Comenzamos a hablar de «muerte» en las células. Parece que el concepto de «muerte» precisa que exista una especie de «teleología», como parece indicar el uso metafórico de esta palabra en el lenguaje. Mueren los proyectos, muere el amor, mueren los ríos en el mar y está muriendo la Amazonia...

Una pérdida irreversible de función, o mejor dicho, de sentido integrado, eso es la muerte. Por ejemplo, no parece muy intuitivo hablar de la muerte de una macromolécula por grande o importante que sea. ¿Y los virus? Hay debate al respecto. Solo podemos considerarlos así si les atribuimos un sentido funcional integrado que pueda cesar de forma irreversible. Por ejemplo, si les atribuimos el sentido de transferir su material genético podríamos considerarlos vivos, aunque eso podría ser, simplemente, una muerte metafórica generada por la mirada sesgada de un humano. Así pues, «individuación», «funcionamiento integrado» y «sentido» parecen condiciones necesarias para que comience a preocuparnos el concepto de «muerte».

Hay por tanto una muerte por cada célula («muerte celular») y, por extensión, también «mueren» los seres pluricelulares, aunque a menudo se les considera muertos cuando aún no han muerto todas y cada una de sus células, porque no mueren todas sincronizadamente. Se les pide, para considerarlos vivos, un funcionamiento integrado de todas las células, susceptible de continuidad y con un sentido. Bien es cierto que esta integración la garantiza, en los vertebrados, el sistema nervioso. Por eso, no debe extrañar la preponderancia de los criterios neurológicos cuando se intenta discernir entre la vida y la muerte de un mamífero.

Pero esta concepción moderna de la esencia de la vida no es muy antigua. Solo desde hace cuatro siglos se considera al cerebro como sustrato de esta función, y la historia de la humanidad se cuenta ya por milenios. Es un concepto, además no exento de retos conceptuales, como las gestaciones a término en mujeres diagnosticadas de muerte cerebral, la reanimación de cerdos «muertos» tras isquemia cerebral, las reanimaciones prolongadas sin secuelas en pacientes con hipotermia o la propuesta de técnicas nuevas de criopreservación para mantener el cuerpo en *stand-by* esperando un futuro mejor para la enfermedad que te está matando. En este último caso, las empresas del ramo «venden» la futura reanimación del cuerpo, aunque aclaran que no pueden garantizar lo que pasará con el yo. Esto es así porque, como hemos apuntado antes, la mente es el cerebro y su circunstancia, y es difícil clonar lo circunstancial.

Haciendo un viaje acelerado por la historia de la vida y del cerebro, nos damos cuenta de que, al fin y al cabo, el cerebro es el equivalente «evolucionado» de la membrana celular de los seres unicelulares, es decir, la estructura que se encarga de la vida de relación con el medio. Pero los seres humanos, gracias a la telencefalización, anticipan y no solo se adaptan al medio, sino que adaptan el medio a ellos, aunque muchas veces sin reparar en que deberán adaptarse también a sus propias adaptaciones y modificaciones en la biosfera. Por tanto, los humanos participan autoconscientemente en la definición de sus propios fines, y esta sí es una característica que los diferencia de otras especies.

Así, a muchos humanos no les basta con la mera supervivencia celular. Podríamos decir que las personas participan de la definición del sentido de su existencia. Y aquí radica la complejidad antropológica y ética de la definición de «muerte de un ser humano». Si tú defines el camino cabe la posibilidad de que elijas pararte o apartarte en algún momento. ¿Es la vida el camino, o el caminante? Aquí está el debate ético, antropológico y social.

Pero no podemos pasar por alto que la sociedad, como cualquier otro «club», necesita determinar, de forma rigurosa, las altas y bajas de sus miembros. La evolución cultural, social y tecnológica ha hecho muy relevante determinar el momento preciso de la muerte por cuestiones básicas de convivencia: entierros, herencias, deudas, seguros, voto y, más recientemente, los trasplantes. Ahora bien, la respuesta a esta «necesidad» tiene una inconsistencia conceptual de partida: la muerte no es un acontecimiento puntual, es un proceso. Como acabamos de señalar, el interés por definir bien este instante se intensificó con la aparición de la tecnología de trasplante de órganos y el uso de medidas de soporte vital circulatorio y respiratorio. Fue un convenio de inspiración utilitarista (un bien mayor) combinado con una línea roja deontológica: no podíamos soportar la idea de extraer órganos «viables» de personas vivas.

Y así es; solo nos preocupó definir dicho instante cuando aprendimos a utilizar células vivas (órganos o tejidos) de la «persona muerta» para evitar sufrimiento y mejorar la supervivencia de otras personas «aún vivas», pero «en riesgo de morir». Solo cabía el acuerdo y el consenso para definir el momento preciso de la muerte. Era una necesidad social pragmática catalizada por la tecnología, pero que no podía obviar líneas rojas morales, derivadas del imperativo categórico kantiano. En el fondo, lo que nos interesaba era definir el momento en el que una persona, con órganos aún viables, ya no volvería a serlo. Queríamos detectar el inicio del proceso de muerte, sin esperar a la muerte celular del organismo completo.

Cuerpo y persona

Los criterios «cerebrales» pusieron en tensión el concepto mismo de «ser humano» porque eran criterios funcionales. Entonces ¿qué valor moral otorgaremos a aquellos *sapiens* que han perdido las funciones que hemos considerado esenciales para definir a una persona, y que se pueden resumir en el concepto de «autonomía de la consciencia»? Algunos pensadores de prestigio han planteado incluso si no es más «persona» un primate sano que alguien que ha perdido dichos atributos (demencia, discapacidad intelectual, estados alterados de consciencia, etc.). Por tanto, las preguntas filosóficas serían: aunque las células humanas continúen vivas, ¿cuándo deja de ser aquella vida una vida humana? ¿Puede estar el organismo vivo y la persona no?

De hecho, si nos situamos en el terreno clínico no podemos negar que la tecnología, seguramente no siempre utilizada con prudencia, ha permitido supervivencias sin vivencias, o casi sin vivencias, disociando la vida celular de la vida valiosa para la mayoría de los y las *sapiens*. Aquí entran la antropología, la cultura y los «valores» que ilustran la consideración que damos a las conductas, es decir, la ética.[3]

¿Es el «proyecto existencial» la única aproximación posible a la vida?

La teleología vital de las personas, al menos en Occidente, es su «proyecto existencial», desde una visión antropocéntrica y, probablemente, egocéntrica. El *Hombre de Vitruvio* y su yo se sienten cómodos en este marco de referencia, pero no es una visión compartida en todo el globo. Las actitudes y conductas varían mucho entre culturas, sobre todo en función del valor que conceden al concepto «individuo» en contraste con ideas o planteamientos más holísticos (ecosistema, clan, sociedad, planeta, cosmos, etc.). Así las cosas, la definición y el «diagnóstico» de muerte incluyen aspectos biológicos, por supuesto, pero también antropológicos, éticos, filosóficos, tecnológicos, sociales y, por qué no decirlo, políticos.

Volviendo a nuestro marco cultural, al inicio de la vida, cuando el embrión se implanta en el útero, gracias a las mejoras de la atención obstétrica y pediátrica y a la situación socioeconómica de buena parte de la población, ya tiene proyecto, cuando menos como «persona en potencia». La intensidad de dicho valor moral cambia entre diferentes cosmovisiones, pero al aumentar nuestro poder de intervenir en esos estadios vitales, nuestra responsabilidad también lo hace. Quizá por eso, en el otro extremo de la vida, se puede llegar a considerar adecuado «plegar velas», en cuanto a lo que se refiere a las medidas de soporte a la

3 A. Molina, «Brain death debates: from bioethics to philosophy of science», *F1000Research* 11/195 (2022), pp. 1-20.

supervivencia, cuando la potencia de tener vivencias va cayendo sensiblemente.

Conclusiones

Desde una perspectiva pragmática, en nuestro contexto cultural, filosófico y científico se puede considerar que los criterios de «muerte cerebral» son, como poco, los menos malos a aplicar, pero parten de una premisa falsa y de riesgo: la muerte es un proceso, no un instante. Sin embargo, para no desenfocar la realidad no podemos olvidar que lo más habitual, fuera de situaciones de soporte vital tecnológico, es que los médicos apliquen los clásicos criterios cardiorrespiratorios para diagnosticar la muerte. Los criterios de muerte cerebral solo se utilizan cuando las funciones cardiocirculatorias y/o respiratorias están «asistidas» o «sustituidas».

El viejo debate sobre la vida y la muerte («to be or not to be») ha recobrado actualidad, si es que la perdió en algún momento, con cuestiones como la adecuación terapéutica, el rechazo al tratamiento, la futilidad y las decisiones al final de la vida. Pero aún está cobrando interés mayor con el desarrollo de la biotecnología, la neurociencia y la genética, la ingeniería tisular y, especialmente, en el seno del debate sobre el transhumanismo.

Queda pendiente un debate social abierto y honesto sobre cuándo muere una persona, un debate aún muy intervenido por ideologías, prejuicios e intereses diversos. Si superásemos todos estos sesgos y trabajásemos por una definición sociocultural de la muerte de la persona (bien interiorizada y, al mismo tiempo, pragmática y revisable), quizá se evitarían muchas de las inquietudes éticas hacia la muerte del cuerpo de las personas. El encuentro entre el instinto de supervivencia de los mamíferos y la autoconsciencia de finitud mal digerida por los *sapiens* hacen que la muerte (su abstracción) genere sufrimiento existencial. Una respuesta puede residir en los relatos de trascendencia y en las creencias. Pero debemos velar, sobre todo, por que este miedo no convierta la muerte (si no la ha convertido ya) en un biopoder que posibilite manipulaciones intencionadas.

Disponer de la propia vida para afrontar la muerte. ¿Derecho o aspiración?

Núria Terribas Sala

Introducción

Uno de los postulados del transhumanismo es la aspiración a la inmortalidad del ser humano, a través de la tecnología y el avance científico que nos permitan frenar el envejecimiento y evitar la enfermedad. Esa aspiración, sin embargo, debe responder siempre a la expresión de la voluntad individual y nunca ser una imposición de nadie sobre nadie. En este sentido, el transhumanismo concibe la muerte como una «opción» del individuo, pero no como un destino inevitable de todo ser humano.

Las premisas éticas para que ese postulado sea universalizable serían, por un lado, la equidad de acceso a ese avance tecnológico que permita alcanzar la inmortalidad y no esté solo restringido a unos cuantos que puedan acceder a él por nivel adquisitivo o ámbito de poder; por otro, la no discriminación de aquellos que optan por no evitar el envejecimiento y la muerte, sino por aceptarlos e incluso adelantar la muerte desde un ejercicio legítimo de la libertad individual, si para la persona esa vida ya no merece ser vivida.

Por su lado, la eutanasia y el suicidio asistido reivindican el «derecho a morir» con ayuda de terceras personas, cuando las condiciones de esa vida, con sufrimiento y limitaciones, sean indignas e insoportables para uno mismo. Así, la muerte asistida sería una opción de salida, antes de tiempo, escogida por el individuo. Su fundamento es la libertad individual y el ejercicio de la autonomía, basándose en la concepción personal de «dignidad», en cuanto que dignidad ética de cada ser humano, que es la que lo lleva al libre ejercicio de la libertad.

Ambos posicionamientos nos sitúan en una paradójica y aparente contradicción: alcanzar la inmortalidad a la vez que aceptar la petición de ayuda para morir, cuando esa vida no merece ser vivida a criterio del interesado. Pero no sería tal contradicción, si partimos de que el fundamento de ambos reside en la libertad individual y el derecho a disponer de la propia vida, tanto en un contexto como en otro. Ahora bien, si la inmortalidad fuese alcanzable por todos, sin envejecer ni enfermar, cabría preguntarse si alguien solicitaría la eutanasia. Quizá no desde su concepción actual, como forma de acabar con el sufrimiento, ya que tal sufrimiento no existiría... pero quizá sí como resultado del «cansancio vital». Nadie nos garantiza que vivir eternamente no llegue a generar ese sentimiento, aunque sea con calidad de vida, sin enfermar ni envejecer.

Ello nos lleva al planteamiento del concepto «vida» *versus* el de «derecho a la vida» o a vivir. La vida debe ser concebida como un atributo individual, que nos viene dado puesto que el propio individuo no decide existir, es llamado a la vida por parte de sus progenitores y su existencia no depende de él. Pero sí adquiere capacidad para disponer de esa vida, administrarla y tomar decisiones sobre ella, desde la dignidad ética que le otorga la libertad para actuar. Y ese «libre albedrío» se adquiere de forma progresiva con el desarrollo moral del individuo, que lo lleva a discernir aquello que para él es bueno o desea —concepto de «vida buena»— de lo que no, actuando en consecuencia en su toma de decisiones.

A partir de esa concepción se llega al constructo del «derecho a la vida», pilar básico sobre el que pueden ejercerse todos los demás derechos reconocidos en la mayoría de los ordenamientos jurídicos de los países democráticos, y consagrado en los grandes textos internacionales. Y como tercer eslabón, desde la formulación del derecho a la vida surge la pregunta de si este derecho es limitable y ponderable con otros derechos o bien si el titular de ese derecho lo puede ejercer libremente hasta el punto de disponer de esa vida como considere, prolongándola indefinidamente si algún día la tecnología lo permite o, por el contrario, poniendo fin a la misma si así lo desea. En definitiva, ¿somos dueños de nuestra vida en toda su extensión?, o ¿puede justificarse la existencia de unos límites o una injerencia externa que nos obligue a vivir esa vida aun en contra de la propia voluntad? Podemos intentar dar respuesta a estas preguntas tanto desde la perspectiva del transhumanismo como desde el derecho a la eutanasia o muerte asistida.

Si hablamos de «prolongar la vida indefinidamente» accediendo a la tecnología o a mecanismos que lo permitan, los límites podrían venir dados por el propio sistema, no siendo accesibles para todo el mundo o no indicados para ciertas personas (por ejemplo, la técnica de regeneración celular). En bioética, el debate sobre a qué prestaciones o servicios pueden acceder los ciudadanos y a cuáles no está presente de forma constante en un contexto de recursos siempre escasos e insuficientes, y las opciones son distintas según las apliquemos en un sistema universal controlado por el Estado, o desde el libre mercado, o en un sistema mixto (cobertura pública y oferta privada simultáneamente). Ante un futuro no lejano en el que las personas puedan acceder a terapia génica para evitar el envejecimiento o la enfermedad, cuesta imaginar que este acceso sea universal e igualitario para todos. Probablemente genere nuevas fuentes de desigualdad en el mundo y continuaremos conviviendo con categorías de personas con distintas oportunidades en el ejercicio de ese derecho a prolongar su vida con calidad.

Si hablamos de solicitar ayuda para morir, dado que por ahora la finitud de la vida no es una opción que podamos escoger, pues nadie puede eludir la muerte, debería ser factible escoger cómo queremos que sea esa muerte, siendo el último acto verdaderamente humano, libre y voluntario, y el más trascendente. Como mencionaba anteriormente, su fundamento debe ser la libertad individual y el ejercicio de la autonomía de la persona para decidir las condiciones, circunstancias, tiempo y lugar para morir.

La bioética, en sus más de cincuenta años de desarrollo, no ha sido capaz de generar un consenso ético universal sobre esta cuestión, de modo que al final debe ser la ley, y su interpretación judicial (jurisprudencia), la que determine si el derecho a disponer de la propia vida, individualmente o con ayuda de terceros, es o no aceptable. En esa determinación por vía legal pueden darse distintos niveles de limitación o injerencia, que habitualmente proceden del Estado como garante de la vida de sus ciudadanos. En un extremo encontraríamos posiciones que no aceptan de ningún modo que la persona pueda disponer de su vida, sean cuales sean las circunstancias en que se encuentre, castigando el intento de suicidio y cualquier intervención de terceros al mismo; en otro extremo estaría el reconocimiento absoluto del derecho a disponer de la propia vida, sin limitar ese derecho en función de la circunstancia o el contexto, dejándolo al criterio individual de la persona que decide poner fin a su vida sin necesidad de justificación alguna y con los apoyos que necesite.

Una posición intermedia sería aquella por la que han optado los países que han regulado la ayuda a morir bajo las figuras de la eutanasia o el suicidio asistido, estableciendo unos requisitos y límites para acceder a ello, como son la plena capacidad de la persona para pedirlo y el encontrarse en una situación de grave sufrimiento físico y/o psíquico por su contexto de enfermedad.

Reconocimiento del derecho a la vida

El derecho a la vida, del que partiría el derecho a disponer de ella, está formulado en las grandes declaraciones internacionales de derechos humanos. Así lo recoge la *Declaración Universal de Derechos Humanos de Naciones Unidas* (1948) cuando dice en su artículo 3 que «Todo individuo tiene derecho a la vida, a la libertad y a la seguridad de su persona». También el *Pacto Internacional de Derechos Civiles y Políticos* (1966) en su artículo 6: «El derecho a la vida es inherente a la persona humana. Este derecho está protegido por la ley. Nadie podrá ser privado de la vida arbitrariamente». En el contexto europeo lo encontramos asimismo recogido en el *Convenio Europeo de Derechos Humanos* (1950), cuando promulga que «El derecho de toda persona a la vida está protegido por la ley. Nadie puede ser privado de la vida intencionadamente», así como en la *Carta de Derechos Fundamentales de la Unión Europea* (2007). Este último texto, mucho más reciente y con un contenido más detallado, concreta los siguientes postulados:

- Toda persona tiene derecho a la vida.
- Toda persona tiene derecho a su integridad física y psíquica.
- Nadie podrá ser sometido a torturas ni a tratos inhumanos o degradantes.
- Toda persona tiene derecho al respeto a su vida privada y familiar.
- Toda persona tiene libertad de conciencia, pensamiento y religión. Se reconoce el derecho a la objeción de conciencia de acuerdo con las leyes nacionales que regulen su ejercicio.

Pero, paradójicamente, ninguno de estos textos define el derecho a la vida ni lo dota de contenido, y quizás esta falta de concreción es pretendida dada la dificultad de alcanzar consensos éticos y jurídicos de su significado y límites. Así, se deja margen a los constituyentes y legisladores para definirlo y dar cabida a las distintas configuraciones éticas, morales y religiosas de los estados sobre el alcance del derecho a la vida y a la libertad de disponer de ella, en su inicio y en su final. La diferencia fundamental sobre dichos momentos vitales es que el sujeto no puede intervenir en el inicio de la vida y otros deciden por él, y en su final la persona sí puede y debería ser libre para decidir lo que desea para sí misma.

Por ello surgen muchos interrogantes en la configuración del derecho a la vida y la protección que debe tener: ¿quién está legitimado para intervenir en la vida en formación, el Estado o la mujer gestante al decidir sobre su propio cuerpo? (Eterno debate sobre el aborto). ¿Hasta dónde alcanza el derecho a la vida cuando se trata de decidir sobre su final? El derecho a la vida ¿incluye también el derecho a morir? ¿Puede el Estado intervenir sobre la vida de las personas obligándolas a vivir en determinadas condiciones cuando ellas quieren morir? (Eterno debate sobre la eutanasia y el suicidio asistido).

La respuesta a estas preguntas se encuentra en el marco jurídico de cada Estado y en cómo las leyes recogen la especificación de ese «derecho a la vida» formulado en las grandes declaraciones internacionales mencionadas.

Y cuando esa norma genera un conflicto individual o personal que llega a los tribunales de justicia, son estos los que deberán interpretar la norma en el contexto concreto y establecer un criterio que, si es reiterado, creará jurisprudencia. Aun así, con el sistema de protección de derechos fundamentales establecido, las instancias judiciales nacionales pueden ser cuestionadas a nivel supranacional y buscar interpretaciones distintas. Sin embargo, la eficacia y efectividad de esas resoluciones internacionales no son iguales y, por ejemplo, en Estados Unidos, la Corte Interamericana de Derechos Humanos, competente en esta materia, tiene fuerza vinculante en sus sentencias y son de directa aplicación, pudiendo incluso forzar una modificación legal en ese Estado. En cambio, en Europa, el Tribunal Europeo de Derechos Humanos ve condicionada la eficacia de sus sentencias al grado de ejecutoriedad que cada Estado quiera darle, por lo que las garantías internacionales de protección de derechos fundamentales no son equiparables entre continentes.

A modo de ejemplo de distintos criterios interpretativos sobre el derecho a la vida y su libre ejercicio en contexto de enfermedad y sufrimiento, cabe citar dos casos:

- El caso de Diane Pretty, en Reino Unido, paciente enferma de esclerosis lateral amiotrófica en fase avanzada y con graves limitaciones que solicita ayuda para morir en manos de su esposo, dado su estado de total imposibilidad física. Los tribunales británicos deniegan su petición y recurre ante el Tribunal Europeo de Derechos Humanos argumentando que la denegación implica una vulneración de varios preceptos de la Carta Europea: derecho a la vida, derecho a no sufrir tratos inhumanos o degradantes, derecho a la vida privada y familiar y derecho a la libertad ideológica. El Tribunal no recoge ninguno de sus argumentos y ratifica la denegación, basándose en que del «derecho a la vida» del artículo 2 de la Carta no puede inferirse un sentido negativo que implique el derecho a morir, obligando al Estado a dar apoyo a ello.

- El caso de Kay Carter, en Canadá, una paciente que padecía una estenosis espinal degenerativa, con grave sufrimiento y limitaciones, y que presenta una demanda ante la Corte Suprema del Estado de British Columbia, impugnando los artículos del Código Penal que castigan la ayuda al suicidio. Sus argumentos son también los artículos de la Carta de Derechos que recogen el derecho a la vida, libertad y seguridad y el derecho a la igualdad jurídica y de trato. La Corte le da la razón, pero el Ministerio Fiscal impugna dicha resolución ante el Tribunal Supremo de Canadá. Este no solo ratifica la sentencia de la Corte, sino que además amplía su objeto y requiere al legislador para que modifique el Código Penal y regule la ayuda a morir. Es interesante revisar los argumentos de dicha sentencia.

Sentencia Carter *versus* Canadá

La sentencia se basa en dos argumentos principales para el análisis del caso. Por un lado, analizando el problema desde la vertiente social, puesto que el Código Penal considera delito asistir a alguien para que ponga fin a su vida, de modo que se obliga a la persona a sufrir hasta morir por causa de su enfermedad, con graves padecimientos, o bien a suicidarse preventivamente por miedo a no controlar ese sufrimiento en la fase final de su enfermedad. A criterio del Tribunal Supremo, estas realidades no pueden obviarse y resolverse con el castigo penal, sino que se les debe dar respuesta desde el ámbito médico y social, además del jurídico. Por otro lado, desde la perspectiva jurídica considera que esta prohibición penal, sin excepciones, atenta contra los artículos 7 y 15 de la Carta Canadiense de Derechos Humanos, confrontando la autonomía de la persona a la sacralidad de la vida y la necesidad de proteger a los vulnerables.

En cuanto a la vulneración del artículo 7 «Derecho a la vida, libertad y seguridad personales», la sentencia afirma que no puede imponerse el derecho a vivir a alguien que no lo desea, en nombre de la protección de los más vulnerables. Los límites a la libertad deben responder a criterios de «justicia» y no pueden ser arbitrarios ni desproporcionados con su finalidad. La ley penal pretende proteger al vulnerable, pero con su prohibición total de la ayuda a morir infiere que toda persona enferma que pide ayuda para morir es vulnerable, sin capacidad de actuar ni libertad y esa sobreinclusión o interpretación extensa es discriminatoria y atenta contra la libertad de la persona.

En cuanto al derecho a la libertad que recoge el propio artículo 7, afirma que este protege el derecho a escoger, sin injerencias públicas; del mismo modo que una persona puede rechazar un tratamiento de soporte vital o pedir una sedación terminal, debe poder pedir ayuda para morir. Y respecto del concepto de «seguridad personal», la sentencia hace referencia al libre ejercicio de la autonomía en tanto que control sobre la integridad corporal de uno mismo.

En síntesis, el Tribunal Supremo afirma que la prohibición del Código Penal sin matices limita estos derechos del paciente, sometiéndolo a estrés psicológico y sufrimiento, privándolo del control sobre su propio cuerpo y limitando su autonomía y la libertad de escoger.

Ante el argumento del Ministerio Fiscal sobre el riesgo de caer en la pendiente resbaladiza sin control, de modo que pudiera aplicarse la eutanasia a personas vulnerables que no la solicitan, argumenta el Tribunal Supremo que el ejercicio del derecho puede y debe garantizarse regulando las condiciones y requisitos para ejercerlo con seguridad jurídica, evitando así los abusos, como serían evaluar la capacidad de la persona que lo solicita y exigir su consentimiento explícito.

La resolución del Tribunal Supremo afirma que la prohibición penal de la muerte asistida con carácter absoluto debe considerarse nula en la medida en que impide recibir ayuda para morir a la persona adulta y competente, con grave sufrimiento y que así lo pide de forma libre. Por ello insta al legislador a que en el plazo de un año modifique el Código Penal y regule las condiciones para solicitar la eutanasia o la ayuda al suicidio, contemplando a su vez el derecho a la objeción de conciencia de los profesionales.

En Canadá se dio cumplimiento a ese mandato promulgándose en 2016 la Ley C-14 de regulación de la ayuda a morir, modificada posteriormente en 2021 por la Ley C-7. No entraremos en su análisis, dado que no es el objetivo de esta reflexión, pero sí destacaremos el cambio de criterio del Tribunal Supremo en Canadá, que veinte años antes, en un caso similar al de Carter, se pronunció en sentido contrario declarando que la prohibición del Código Penal y la limitación de derechos que comporta en estas situaciones estaba en sintonía con el artículo 7 de la Carta. Los cambios sociales, el debate interno en el propio país sobre la muerte digna, la consolidación de los derechos del paciente en el contexto de enfermedad y las modificaciones legales en algunos países despenalizando la ayuda a morir, justifican el cambio de criterio jurisprudencial en Canadá, como lo demuestran los argumentos de la sentencia comentada.

El cambio legislativo en España

Similar tendencia al cambio se produjo también en España en los últimos años, dejando a un lado la interpretación del derecho a la vida como un deber de preservarla a toda costa. La Constitución Española, en su formulación del artículo 15, «Todos tienen derecho a la vida y a la integridad física y moral, sin que nadie en ningún caso pueda ser sometido a tortura ni a penas inhumanas o degradantes», ha generado durante años interpretaciones dispares. Para aquellos favorables al derecho a disponer de la propia vida, se entendía que la vida es un derecho del que su titular puede disponer libremente cuando así lo considere y que obligar a la persona a vivir en determinadas condiciones de sufrimiento, en contra de su voluntad, podía incluso interpretarse contrario a dicho artículo 15 por ser un trato inhumano y degradante. En cambio, para aquellos contrarios a que la persona pueda disponer de su vida poniéndole fin, la Constitución apela a que al Estado debe ser garante de la vida de sus ciudadanos y no permitir ninguna acción que atente contra ella, ni siquiera a petición de uno mismo.

Desde el Código Penal, sin embargo, no se castiga el intento de suicidio, sino únicamente la inducción o la ayuda al mismo por parte de terceros. Paradójicamente, parece que se legitima el derecho a disponer de la propia vida, pero en cambio se penaliza a otros cuando la persona pide ayuda para ponerle fin. Aun así, desde 1996 y hasta la modificación de 2021, en el Código Penal se contemplaba como atenuante de la pena a imponer el hecho de que la persona a quien se ayudase a morir se encontrase en una situación de grave sufrimiento y lo solicitase explícitamente. De algún modo, el Código español ya era algo más benévolo que el Código canadiense o el de muchos otros países, contemplando una rebaja penal en función del contexto de enfermedad.

Después de treinta años de debate sobre la eutanasia y el suicidio asistido, con vaivenes políticos, intentos parlamentarios fallidos y encuestas de opinión ciudadana, que han evolucionado claramente a favor de un cambio de la ley para permitir esas prácticas, el legislador dio el paso definitivo aprobando en marzo de 2021 la Ley 3/2021 despenalizadora de la eutanasia (LORE). Esta ley sitúa a España en el cuarto país europeo en regularla, después de Holanda, Bélgica y Luxemburgo, pero en el primero en establecer un sistema de garantías más robusto, con un control previo a cada petición alejado del ámbito de los profesionales sanitarios (Comisión de Garantías y Evaluación).

No entraré en el análisis de la ley, de sus requisitos y procedimiento, dado que no es el objeto de este texto, pero sí querría remarcar la importancia de las reflexiones que recoge en su exposición de motivos, puesto que refuerza los argumentos de fundamentación de la ley en derechos básicos de nuestra Constitución, más allá del derecho a la vida, que son ponderables con este.

Así, en esa exposición de motivos se afirma que la eutanasia conecta con el derecho fundamental a la vida, pero a su vez se debe ponderar con otros derechos igualmente protegidos constitucionalmente, como son el valor superior de la libertad (artículo 1.1.), la dignidad humana (artículo 10), la integridad física y moral (artículo 15), la libertad de conciencia (artículo 16) y el derecho a la intimidad (artículo 18).

Afirma el legislador que «cuando una persona plenamente capaz y libre se enfrenta a una situación vital que a su juicio vulnera su dignidad, intimidad e integridad, el bien de la vida puede decaer en favor de los demás derechos, toda vez que no existe un deber de imponer o tutelar la vida a toda costa o en contra de la voluntad de su titular. Por igual razón, el Estado está obligado a proveer un régimen jurídico que establezca las garantías necesarias».

La reflexión que hace el legislador en este preámbulo de la ley da pie a la regulación positiva que luego se desarrolla, estableciendo los requisitos de acceso a la prestación de ayuda a morir y un sistema de garantías para evitar los abusos o la mala aplicación de la norma.

Cabe decir que, tras dos años de vigencia de la LORE, ya hemos tenido dos pronunciamientos del Tribunal Constitucional, respondiendo a recursos de inconstitucionalidad interpuestos por los partidos políticos que votaron en su contra, al entender que la regulación de la eutanasia atentaba contra el artículo 15 de la Constitución Española. El Tribunal Constitucional ha considerado que la ley tiene perfecto encaje en la Constitución, que la ponderación de derechos que el legislador recoge es correcta y que el derecho a la vida no implica que esta pueda imponerse sin tener en cuenta otros derechos básicos de la persona con los que se confronta esa vida.

Ideas finales

Bajo el epígrafe de este capítulo mi intención era reflexionar sobre el derecho a disponer de la propia vida como punto en común entre las teorías transhumanistas que nos proyectan a la inmortalidad planteando la muerte solo como «opción» a escoger y no destino inevitable, y la muerte por elección voluntaria con la eutanasia o la ayuda al suicidio, cuando para la persona el contexto vital en el que se encuentra ya no merece ser vivido.

Ambas comparten el hecho de considerar que la vida que nos «viene dada» es algo que debemos poder administrar a nuestro libre albedrío, sin injerencias ni limitaciones y menos que estas sean impuestas por un Estado presuntamente protector. La autonomía de la persona y su concepto de dignidad deben ser los protagonistas en ese proyecto vital.

Ambas tienden a buscar la «vida buena» y el querer huir del sufrimiento, unas eliminando el envejecimiento y la enfermedad y otras aspirando a dejar de existir cuando esta existencia se hace insoportable. Incluso alcanzar esa meta de controlar el envejecimiento y perpetuar la buena salud quizá no sea suficiente para evitar el cansancio vital, que pueda llevar a desear morir, llegado a cierto punto de esa vida longeva.

Sea como fuere, hoy por hoy la disponibilidad de la propia vida como «derecho» no se encuentra formulado de forma explícita más allá de unas pocas legislaciones de países que han regulado la eutanasia o la ayuda a morir, y siempre con limitaciones y condicionantes, tampoco como un derecho absoluto. Por ahora, se trata solo de una «aspiración» del ser humano, de los que creen en ello, que quizás algún día lleguen a reconocerse de forma universal.

Referencias bibliográficas

Cortina, A., *Transhumanismo. La ideología que desafía la fe cristiana*, Madrid, Palabra, 2022.

Gimbel García, J. F., «Eutanasia y suicidio asistido en Canadá. Una panorámica de la Sentencia Carter *v.* Canadá y del consiguiente Proyecto de Ley C-14 presentado por el Gobierno canadiense», *Revista de Derecho* UNED 19 (2016), pp. 351-378.

Ley Orgánica 3/2021, de 24 de marzo, de regulación de la eutanasia, *Boletín Oficial del Estado [*BOE*]* 72, de 25 de marzo de 2021.

Parlamento de Canadá (1982), *Charte Canadienne des Droits et Libertés.* Disponible en https://www.canada.ca/content/dam/pch/documents/services/download-order-charter-bill/charte-canadienne-droits-libertes-fra.pdf [acceso el 3/06/2024].

Sentencia del Tribunal Constitucional 19/2023, de 22 de marzo de 2023, *Boletín Oficial del Estado [*BOE*]* 98, de 25 de abril de 2023, pp. 57761 a 57879 (119 pp.).

Sentencia del Tribunal Constitucional 94/2023, de 12 de septiembre de 2023, *Boletín Oficial del Estado [*BOE*]* 244, de 12 de octubre de 2023, pp. 137086 a 137151 (66 pp.)

Terribas, N., «Unresolved problems in bioethics: the beginning and end of life», en I. Cambra-Badii, E. Busquets-Alibés, N. Terribas i Sala y J.-E. Baños (eds.), *Bioethics. Foundations, Applications and Future Challenges,* Florida, Boca Ratón, CRC Press, 2024, p. 204.

Terribas, N., «Ley orgánica de regulación de la eutanasia en España: cuestiones polémicas sobre su aplicación», *Revista Folia Humanística* 7/11 (2022), pp. 1-25.

Autores

Bandrés, Fernando. Médico. Catedrático de Medicina Legal de la Facultad de Medicina de la Universidad Complutense de Madrid. Director del Centro de Estudios Gregorio Marañón. Fundación Ortega-Marañón.

Beca, Juan Pablo. Médico pediatra. Fundador del Centro de Bioética de la Facultad de Medicina de la Universidad del Desarrollo de Chile (UDD).

Busquets, Ester. Filósofa y enfermera. Profesora de Bioética en la Facultad de Ciencias de la Salud y el Bienestar de la Universidad de Vic-Universidad Central de Cataluña (UVic-UCC). Coordinadora de la Cátedra de Bioética Fundació Grífols.

Camps, Victoria. Filósofa. Catedrática emérita de Ética de la Universidad Autónoma de Barcelona (UAB). Presidenta de la Fundació Víctor Grífols i Lucas.

Domènech, Miquel. Psicólogo. Profesor de Psicología Social en la Facultad de Psicología de la Universidad Autónoma de Barcelona (UAB). Barcelona Science and Technology Studies Group (STS-b).

Domingo, Tomás. Filósofo. Profesor de Filosofía de la Universidad Nacional de Educación a Distancia (UNED).

FEITO, LYDIA. Filósofa. Profesora de Ética en la Facultad de Medicina de la Universidad Complutense de Madrid (UCM). Presidenta de la Asociación de Bioética Fundamental y Clínica.

FINS, JOSEPH. Médico. Director de Ética Médica del New York Presbiterian Hospital. Presidente de la Sociedad Estadounidense de Bioética y Humanidades.

JÚDEZ, JAVIER. Médico. Centro de Salud Fuente Álamo, Servicio Murciano de Salud. Vicepresidente de la Asociación Bioética Fundamental y Clínica. Investigador IMIB-Pascual Parrilla.

MACIP, SALVADOR. Médico. Director de los Estudios de Ciencias de la Salud de la Universidad Abierta de Cataluña (UOC) y catedrático de Medicina Molecular de la Universidad de Leicester.

MIR, JORDI. Doctor en Humanidades. Profesor del Departamento de Humanidades de la Universitat Pompeu Fabra (UPF).

MUÑOZ-GRANDES, MARÍA. Psicóloga. Profesora de la IE University.

PÉREZ, MILAGROS. Periodista especializada en temas sociales y de biomedicina. Ha desarrollado gran parte de su trayectoria periodística en *El País*.

PIGEM, JORDI. Filósofo de la ciencia y escritor.

PORTALES, MARÍA BERNARDITA. Fonoaudióloga. Directora del Centro de Bioética de la Facultad de Medicina de la Universidad del Desarrollo de Chile (UDD).

ROBLES, BERNABÉ. Médico neurólogo. Coordinador de la Unidad de Bioética del Parc Sanitario San Juan de Dios. Profesor de Bioética en la Universidad de Vic-Universidad Central de Cataluña (UVIC-UCC).

ROMÁN, BEGOÑA. Filósofa. Profesora de Filosofía de la Universidad de Barcelona (UB). Presidenta del Comité de Ética de Servicios Sociales de Cataluña.

SEGURA, ANDREU. Médico especialista en medicina preventiva y salud pública. Vocal del Comité de Bioética de Cataluña y del Consejo asesor de salud pública de Cataluña.

TERRIBAS, NÚRIA. Jurista. Directora de la Fundació Víctor Grífols i Lucas y de la Cátedra de Bioética de la Fundació Grífols - Universidad de Vic-Universidad Central de Cataluña (UVIC-UCC).

ZAMORA, JESÚS. Filósofo. Catedrático de Lógica, Historia y Filosofía de la Ciencia de la Universidad Nacional de Educación a Distancia (UNED).